新型职业农民书架·食用菌种植能手谈经与专家点评系列

姬松茸种植能手谈经

国家食用菌产业技术体系郑州综合试验站
河南省现代农业产业技术体系食用菌创新团队　组织编写

米青山　张华珍　主编

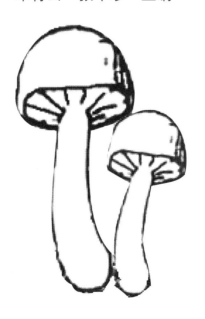

U0242763

中原农民出版社
·郑州·

图书在版编目(CIP)数据

姬松茸种植能手谈经/米青山,张华珍主编.—郑州:
中原农民出版社,2015.12
ISBN 978-7-5542-1336-0

Ⅰ.①姬… Ⅱ.①米… ②张… Ⅲ.①食用菌类-蔬菜
园艺 Ⅳ.①S646

中国版本图书馆 CIP 数据核字(2015)第 281316 号

编 委 会

主　　编　康源春　张玉亭

副 主 编　孔维丽　黄桃阁　李　峰　杜适普
　　　　　谷秀荣

编　　委　(按姓氏笔画排序)
　　　　　王志军　孔维丽　刘克全　李　峰
　　　　　杜适普　张玉亭　谷秀荣　段亚魁
　　　　　袁瑞奇　黄桃阁　康源春　魏银初

本书主编　米青山　张华珍

副 主 编　高　巨　段亚魁

出版社:中原农民出版社
地址:郑州市经五路 66 号　电话:0371－65751257
　　　邮政编码:450002
网址:http://www.zynm.com
发行单位:全国新华书店
承印单位:新乡市豫北印务有限公司
投稿信箱:DJJ65388962@163.com　　　交流 QQ:895838186
策划编辑电话:13937196613
邮购热线:0371－65724566
开本:787mm×1092mm　　　　　　　　1/16
印张:10.25　　　　　　　　　　　　插页:16
字数:221 千字
版次:2016 年 1 月第 1 版　　　　　印次:2016 年 1 月第 1 次印刷

书号:ISBN 978-7-5542-1336-0　　　定价:39.00 元
　　　本书如有印装质量问题,由承印厂负责调换

康源春简介

康源春,河南省农业科学院食用菌研究开发中心主任,国家食用菌产业技术体系郑州综合试验站站长,兼河南省食用菌协会副理事长。

参加工作以来一直从事食用菌学科的科研、生产和示范推广工作,以食用菌优良菌种的选育、高产高效配套栽培技术、食用菌病虫害防治技术、食用菌工厂化生产等为主要研究方向,在食用菌栽培技术领域具有丰富的实践经验和学术水平。

康源春(中)在韩国首尔授课后同韩国专家(右)、意大利专家(左)合影留念

作者简介

张玉亭简介

张玉亭,研究员,河南省农业科学院植物营养与资源环境研究所所长,河南省现代农业产业技术体系食用菌创新团队首席专家。

长期从事植物保护、农业资源高效利用、食用菌栽培技术等领域的科学研究,具有较高的学术水平和管理水平。

张玉亭研究员在食用菌大棚指导生产

姬松茸种植能手谈经

2

米青山简介

米青山,现任周口职业技术学院教授,周口市食用菌工程技术研究中心主任,兼任周口市食用菌协会副会长,全国食(药)用菌行业优秀科技人才、河南省食用菌先进工作者、河南省教育厅学术技术带头人、周口市学术技术带头人、周口市职业教育专家。

参加工作以来一直从事食用菌学科的教学、科研、生产和示范推广工作,以食用菌栽培技术培训、病虫害防治技术、优质菌种培育、高产高效配套技术等为主要研究方向,在食用菌栽培技术领域具有丰富的实践经验。

米青山

张华珍简介

张华珍,女,汉族,生于 1982 年 9 月,河南省淮阳县人,硕士研究生。现任周口职业技术学院讲师,周口市食用菌工程技术研究中心技术员,周口市食用菌协会会员。主要从事食用菌优良菌种选育、栽培技术研究以及推广工作,具有扎实的理论基础和实践经验。

张华珍

编 者 语

像照顾孩子一样
管理蘑菇

　　"新型职业农民书架丛书·食用菌种植能手谈经与专家点评系列"，是针对当前国内食用菌生产形势而出版的。

　　2009年2月，中原农民出版社总编带领编辑一行，去河南省一家食用菌生产企业调研，受到了该企业老总的热情接待和欢迎。老总不但让我们参观了他们所有的生产线，还组织企业员工、技术人员和管理干部同我们进行了座谈。在座谈会上，企业老总给我们讲述的一个真实的故事，深深地触动了我。他说：

　　企业生产效益之所以这么高，是与一件事分不开的。企业在起步阶段，由于他本人管理经验不足，生产效益较差。后来，他想到了责任到人的管理办法。那一年，他们有30座标准食用菌生产大棚正处于发菌后期，各个大棚的菌袋发菌情况千差万别，现状和发展形势很不乐观。为此，他便提出了各个大棚责任到人的管理办法。为了保证以后的生产效益最大化，他提出了让所有管理人员挑大棚、挑菌袋，分人分类管理的措施。由于责任到人，目标明确，管理到位，结果所有大棚均获得了理想的产量和效益。特别是菌袋发菌较好且被大家全部挑走的那个棚，由于是技术员和生产厂长亲自管理，在关键时期技术员吃住在棚内，根据菌袋不同生育时期对环境条件的要求，及时调整菌袋位置并施以不同的管理措施，也就是像照顾孩子一样管理蘑菇，结果该棚蘑菇转劣为好，产量最高，质量最好。这就充分体现了技术的力量和价值所在。

　　这次调研，更坚定了我们要出一套食用菌种植能手谈经与专家点评相结合,实践与理论相统一的丛书的决心与信心。

为保障本套丛书的实用性与先进性,我们在选题策划时,打破以往的出版风格,把主要作者定位于全国各地的生产能手(状元、把式)及食用菌生产知名企业的技术与管理人员。

本书的"能手",就是全国不同地区能手的缩影。

为保障丛书的科学性、趣味性与可读性,我们邀请了全国从事食用菌科研与教学方面的专家、教授,对能手所谈之经进行了审读,以保证所谈之"经"是"真经"、"实经"、"精经"。

为保障读者一看就会,会后能用,一用就成,我们又邀请了国家食用菌产业技术体系的专家学者,对这些"真经"、"实经"、"精经"的应用方法、应用范围等进行了点评。

本套书从策划到与读者见面,历时近 3 年,其间两易大纲,数修文稿。丛书主编河南省农业科学院食用菌研究开发中心主任康源春研究员,多次同该套丛书的编辑一道,进菇棚,访能手,录真经……

参与组织、策划、写作、编辑的所有同志,均付出了大量的心血与辛勤的汗水。

愿本套丛书的出版,能为我国食用菌产业的发展起到促进和带动作用,能为广大读者解惑释疑,并带动食用菌产业的快速发展,为生产者带来更大的经济效益。

但愿我们的心血不会白费!

序

　　食用菌产业是一个变废为宝的高效环保产业。利用树枝、树皮、树叶、农作物秸秆、棉子壳、玉米穗轴、牛粪、马粪等废弃物进行食用菌生产，不但可以增加农业生产效益，而且可减少环境污染，可美化和改善生态环境。食用菌产业可促进实现农业废弃物资源化发展进程，可推进废弃物资源的循环利用进程。食用菌生产周期短，投入较少，收益较高，是现代农业中一个新兴的富民产业，为农民提供了致富之路，在许多县、市食用菌已成为当地经济发展的重要产业。更为可贵的是食用菌对人体有良好的保健作用，所以又是一个健康产业。

　　几千亿千克的秸秆，不只是饲料、肥料和燃料，更应该是工业原料，尤其是食用菌产业的原料。这一利国利民利子孙的朝阳产业，理应受到各界的重视，业内有识之士更应担当起这份重任，从各方面呵护、推助、壮大它的发展。所以，我们需要更多介绍食用菌生产技术方面的著作。

　　感恩社会，感恩人民，服务社会，服务人民。受中原农民出版社之邀，审阅了其即将出版的这套农民科普读物，即"新型职业农民书架丛书·食用菌种植能手谈经与专家点评系列"丛书的书稿。

　　虽然只是对书稿粗略地读了一遍，只是同有关的作者和编辑进行了一次简短的交流，但是体会确实很深。

　　读过书，写过书，审阅过别人的书稿，接触过领导、专家、教授、企业家、解放军官兵、商人、学者、工人、农民，但作为农业战线的科学家，接触与了解最多的还是农民与农业科技书籍。

　　在讲述农业技术不同层次、多种版本的农业技术书籍中，像中原农民出版社编辑出版的"新型职业农民书架丛书·食用菌种植能手谈经与专家点评系列"丛书这样独具风格的书，还是第一次看到。这套丛书有以

下特点:

1. 新。邀请全国不同生产区域、不同生产模式、不同茬口的生产能手(状元、把式)谈实际操作经验,并配加专家点评成书,版式属国内首创。

2. 内容充实,理论与实践有机结合。以前版本的农科书,多是由专家、教授(理论研究者)来写,这套书由理论研究者(专家、教授)、劳动者(农民、工人)共同完成,使理论与实践得到有机结合,填补了农科书籍出版的一项空白。

(1)上篇"行家说势"。由专家向读者介绍食用菌品种发展现状、生产规模、生产效益、存在问题及生产供应对国内外市场的影响。

(2)中篇"能手谈经"。由能手从菇棚建造、生产季节安排、菌种选择与繁育、培养料选择与配制、接种与管理、常见问题与防治,以及适时收、储、运、售等方面介绍自己是如何具体操作的,使阅读者一目了然,找到自己所需要的全部内容。

(3)下篇"专家点评"。由专家站在科技的前沿,从行业发展的角度出发,就能手谈及的各项实操技术进行评论:指出该能手所谈技术的优点与不足、适用区域范围,以防止读者盲目引用,造成不应有的经济损失,并对能手所谈的不足之处进行补正。

3. 覆盖范围广,社会效益显著。我国多数地区的领导和群众都有参观考察、学习外地先进经验的习惯,据有关部门统计,每年用于考察学习的费用,都在数亿元之多,但由于农业生产受环境及气候因素影响较大,外地的技术搬回去不一定能用。这套书集合了全国各地食用菌种植能手的经验,加上专家的点评,读者只要一书在手,足不出户便可知道全国各地的生产形式与技术,并能合理利用,减去了大量的考察费用,社会效益显著。

4.实用性强,榜样"一流"。生产一线一流的种植能手谈经,没有空话套话,实用性强;一流的专家,评语一矢中的,针对性强,保障应用该书所述技术时不走弯路。

这套丛书的出版,不仅丰富了食用菌学科出版物的内容,而且为广大生产者提供了可靠的知识宝库,对于提高食用菌学科水平和推动产业发展具有积极的作用。

中国工程院院士
河南农业大学校长

目录

从古至今,"留一手"现象在技术领域都有不同程度的存在,在此,高巨同志把自己多年来生产姬松茸的宝贵经验无私地奉献给大家,难能可贵。

2

姬松茸　种植能手谈经

下篇 专家点评 ················· ▶

　　种菇能手的实践经验十分丰富,所谈之"经"对指导生产作用明显。但由于其自身所处环境(工作和生活)的特殊性,也存在着一定的片面性。为保障广大读者开卷有益,请看行业专家解读能手所谈之"经"的应用方法和适用范围。

任何一种鲜活产品,其产值都与货架期时间长短有关。如何延长姬松茸的货架期,并增加其附加值,是本节探讨的重点。

姬松茸栽培中病虫害的发生和危害越来越严重,在栽培中一旦被病虫危害,轻者造成减产,重者则绝收,并造成环境污染和经济损失。为此,了解姬松茸栽培中杂菌和病虫的种类、形态特征、传播途径、危害情况和症状,并采取有效的防治措施,是栽培姬松茸的一项重要工作。

本书是给生产者学习参考的,介绍美食方法似乎离题太远。但从整个产业链的视角,用逆向思维的方法考虑,这其中大有深意:好吃,好吃会多消费,进而必定促进多生产。因此,多多了解姬松茸食用方法,并用各种方式告知消费者,对从根本上促进姬松茸生产有着重要意义。

姬松茸
种植能手谈经

上篇
行家说势

姬松茸营养极其丰富，医疗保健价值较高。其多糖含量是被称为"人间仙草"的灵芝的 5 倍，在抑制肿瘤、增强精力、防治心血管疾病等方面的疗效都得到了科学的验证。近年来，受到了越来越多消费者的欢迎。

行家说种

一、认识姬松茸 ·····························◆

　　姬松茸作为食用菌大家族的主要成员，有着独特的生物学特性和营养保健功能，认真了解其生物学特性、发展历史和营养功能，是减少从业者盲目性和风险性的必修课，能避免从业人员因"知其然，而不知其所以然"而造成生产损失。

姬松茸又叫巴西菇、抗癌蘑菇、松茸蘑菇、巴氏蘑菇、小松菇等,是一种营养价值和药用价值都很高的食用菌。原产于巴西东南部圣保罗市周边的草原以及美国加利福尼亚南部和佛罗里达州海边含有畜粪的草地上,秘鲁等国也有分布。

（一）姬松茸的生物学特性

姬松茸,隶属菌物界,担子菌门,伞菌纲,伞菌目,蘑菇科,蘑菇属。

1. 姬松茸的形态结构　姬松茸由菌丝体和子实体两部分组成,姬松茸形态见图1。

图1　姬松茸形态

（1）菌丝体　菌丝体是营养器官,菌丝白色,绒毛状,气生菌丝旺盛,爬壁强,菌丝直径5～6微米。菌丝体有初生菌丝和次生菌丝两种。菌丝不断生长发育,各菌丝之间相互连接,呈蛛网状。

（2）子实体　子实体是繁殖器官,能产生大量担孢子。子实体由菌盖、菌褶、菌柄和菌环等组成。子实体单生、丛生或群生,伞状。菌盖直径3.4～7.4厘米,最大的达到15厘米,原基呈乳白色。菌盖初时为浅褐色,扁半球形,成熟后呈棕褐色,有纤维状鳞片。菌盖厚0.65～1.3厘米,菌肉白色,菌柄生于菌盖中央,属中央生,近圆柱形,白色,初期实心,后中松至空心。柄长5.9～7.5厘米,直径0.7～1.3厘米,一般子实体单朵重20～50克,大的达350克。菌褶是孕育担孢子的场所,位于菌盖下面,由菌柄向菌伞边缘放射状排列,白色,柔软,呈刀片状。成熟后慢慢会产生斑点,生长后期变成褐色。菌褶宽2～5毫米,菌褶初期为粉红色,后期呈咖啡色。菌褶表面着生子实层,担子和囊状体,经扫描电镜观察,担子无隔膜,棍棒形,外表有不规则网状形,顶具4小柄,柄上各有1个担孢子,卵圆形或椭圆形深褐色,大小为(5.5～7)微米×(4.5～5.3)微米。担子间囊状体,长圆柱形,5.3～10.9微米。菌盖及菌褶形态见图2。子实体幼期菌盖边缘和菌柄有一层膜相连,当菌盖长大后,薄膜破裂,残留于菌柄上的部分称菌环。

2. 姬松茸的生活史　是从担孢子萌发开始,经过连续的生长发育,又产生担孢子的过程。即担孢子从担子小梗弹射出来,在适宜的条件下萌发成单核菌丝(初生菌丝),单

姬松茸 种植能手谈经

图2 菌盖及菌褶

核菌丝经过原生质融合形成双核菌丝(次生菌丝),双核菌丝在适宜条件下生长发育扭结成子实体,子实体成熟时又产生孢子。姬松茸生活史简图见图3。

3.姬松茸生长发育所需要的条件 姬松茸是夏秋间发生在有畜粪的草地上的腐生菌,要求的环境条件包括营养、温度、湿度、空气、光照和酸碱度等。

(1)营养 姬松茸属于腐生菌类,其生长发育所需的营养全部由外界提供,主要有碳源、氮源、矿物质和生长因子等,其中以碳源和氮源需求量最大,为主要营养物质。

1)碳源 碳源又称碳素营养物质,为姬松茸的主要营养物质。适宜姬松茸生长的碳源主要有葡萄糖、蔗糖、麦芽糖、木糖、乳糖和淀

图3 姬松茸生活史简图
1.孢子及其萌发 2.菌丝发育 3.形成子实体

粉等,其中以蔗糖、麦芽糖和葡萄糖为好,乳糖和木糖的利用效果则较差。姬松茸能分解利用经过发酵的各种农作物秸秆、秕壳、木屑等作为自身所需的碳素营养。

2)氮源 又称氮素营养物质。可供姬松茸利用的氮源主要有牛肉膏、酵母膏、蛋白胨、甘氨酸、氯化铵、硫酸铵、麸皮、豆饼粉、玉米粉等。其中以硫酸铵、蛋白胨、甘氨酸效果最好,牛肉膏次之,酵母膏效果最差。

据江枝和等(1996)报道,姬松茸菌丝生长最适氮源为硫酸铵、氯化铵和豆饼粉,其次是麸皮和花生饼,而玉米粉的利用效果较差。生产上常利用发酵过的畜禽粪、菜子饼粉、硫酸铵、尿素等作为氮源,并与稻草等碳源物质相混合,以满足姬松茸对营养的要求。

3)矿质元素 矿质元素也称无机盐。姬松茸生长所需矿质元素主要有钾、磷、钙、镁、铁、锌、锰等,其中以钾、磷、镁三元素最为重要,这些元素有的参与姬松茸细胞成分的构成,有的参与能量交换,有的作为酶的组分,有的则起着调节渗透压的作用。在栽培实践中,常用的无机盐类主要有硫酸钙(石膏)、硫酸镁、过磷酸钙、磷酸氢二钾、磷酸

二氢钾、硫酸亚铁、硫酸锌、氧化锰和碳酸钙等。

　　据报道,姬松茸子实体具有富镉的作用,如在检测姬松茸产品质量时,发现样品中镉的含量普遍超标,达13.0～23.1微克/克。其原因目前有两种解释,一种认为富镉与覆土和栽培原料均无关,系其本身富集镉元素的生物学特性决定的;另一种认为姬松茸产品中镉的来源主要来自牛粪,建议培养料尽量不用或少用牛粪,究竟系何原因,有待进一步验证。

　　4)生长素　生长素包括激素、维生素,以及其他生物调节剂,其主要作用是在姬松茸生长发育中参与细胞的代谢活动。虽然对这些物质需求量极少,但是不可缺少,否则姬松茸就不能正常发育。其中比较重要的是硫胺素(维生素 B_1),它是姬松茸必需的生长因子,因其本身不能合成,故需要从外界营养中吸收利用。生长素在麸皮、米糠等栽培原料中含量很高,完全能满足姬松茸生长发育的需求,故不必另外添加。

　　(2)温度　菌丝生长的温度为10～34℃,最适温度为22～27℃。9℃以下菌丝生长缓慢,28℃以上菌丝生长虽快,但易老化,45℃以上菌丝会死亡。姬松茸子实体发育的温度为16～33℃,最适温度为18～24℃,超过25℃以上子实体生长快,从原基形成到采收只需5～6天,但菇体小,柄细,盖薄,易开伞。

　　(3)水分和湿度　姬松茸要求培养料含水量在60%～72%,其中含水量65%为最好(料与水的比例约为1:1.3)。覆土层最适含水量为18%～22%。菇房适宜空气相对湿度为75%～85%,出菇期空气相对湿度在80%～95%。由于姬松茸子实体形成过程中,还需要土壤中的一些有益微生物所产生的代谢产物作诱导,子实体才能分化和形成。因此,栽培姬松茸必须覆土,这样才能保证出菇。只要土壤长期保持湿润状态,就能满足姬松茸生长对水分和湿度的要求,故环境空气的相对湿度只是起辅助作用。但空气相对湿度超过95%时,子实体易得病死亡。

　　(4)空气　姬松茸是一种好气性的食用菌,菌丝生长和子实体发育均需要氧气的供应,特别是子实体生殖阶段,因其新陈代谢旺盛,需氧量较菌丝营养生长时期要多,更要注意通风换气。栽培时培养料和覆土层的通透性,直接影响菌丝和子实体的生长,只有在通透性良好、环境中氧气又充足的条件下菌丝才能生长良好,长出的子实体多、粗壮、结实。

　　(5)光照　姬松茸菌丝生长不需要光线,在黑暗条件下菌丝生长更为粗壮、洁白。子实体的形成和生长发育期需要一定的散射光刺激。光线暗,会长成畸形菇,但强烈的光照虽对子实体生长无影响,却易失水干燥,因此这两种情况都要加以避免。以"七分阴三分阳"为好。

　　(6)酸碱度　菌丝在pH4.0～8.0均可生长,最适pH为6.5～7.5,在此范围内菌丝生长最快。子实体形成的最适pH为6.5～7.5,pH在4.5以下或7.5以上时子实体形成数量就会减少。覆土层最适pH为7.0。

　　以上生活条件的各个方面对姬松茸的生长发育起着综合作用,缺少任何一个条件,姬松茸均不能正常生长。

忠告大家

姫松茸作为珍稀食用菌之一，由于它有着独特的保健功能，被誉为抗癌蘑菇、保健蘑菇，销售看好。栽培姫松茸，以稻草、麦秸、甘蔗渣和牛粪等为原料，来源广泛，成本低。通过近几年的开发，生产技术较为成熟。但是，不可一哄而上，应该有序发展。避免造成生产过剩，出现菇贱伤农的现象。

姫松茸种植能手谈经

（二）国内外发展史

姫松茸原产地位于巴西南部圣保罗市130千米处的皮也拿（Piedade）山地，当地以产野马而著名，野马的排泄物混入泥土中，使得当地土壤十分特殊，粪肥含量十分丰富，加之气候适宜，为姫松茸提供了生长发育的良好条件，成为姫松茸的原产地。很早以来，姫松茸就已成为当地餐桌上的一种食物，被称为"阳光蘑菇"、"虔敬蘑菇"或"上帝的蘑菇"。美国加利福尼亚的两位博士在皮也拿山地考察发现，当地居民身体健康、长寿，癌症发病率很低，这一现象引起了他们的注意，通过考察这里的环境、水质以及当地居民的生活方式后，发现与当地居民经常食用姫松茸有关。1965年，他们向科学界公布了此考察结果。同年，侨居巴西的美籍日裔种菇商古本农寿用孢子分离获得菌丝体，随后将菌种带回日本送给三重大学农学部的岩出亥之助教授，分别在巴西和日本两国进行园地栽培和室内栽培研究，并于1972年和1975年先后获得人工试验栽培成功，之后，岩出教授给该食用菌取了一个日本名称"代蘑菇"。为了便于在市场上销售，又将其商品名定为日本人喜爱的"姫松茸"（意即小松茸）。

该菌栽培成功后，已在日本的三重、爱知、岐阜等县推广。在我国，姫松茸引进始于1991年。1991年四川省农业科学院食用菌开发中心的鲜明耀赴日本考察时，从日本带回了姫松茸菌种，当年便开展了栽培试验。1992年，我国福建省农业科学院从日本引进姫松茸菌种，对其生物学特性和栽培技术进行了研究，摸索出了一套适合我国条件的栽培技术。1994年开始在福建省宁德、罗源、松溪、建阳、泰宁等县进行小规模推广，其后栽培面积逐步扩大，并在全国得到推广。目前，国内姫松茸栽培面积较大的除福建省以外，还有江西、河南、河北、四川、湖北、江苏、浙江、上海、云南等省市，已成为我国人工栽培的新菇种，并有逐年扩大栽培的趋势。

（三）营养价值与保健功能

姫松茸菇体滑爽而脆嫩，鲜美可口，具有令人喜爱的杏仁味，其营养十分丰富。据分析，每100克干菇中含粗蛋白质40%～45%，糖分38%～45%，纤维素6%～8%，粗灰分5%～7%，粗脂肪3%～4%，其蛋白质和糖分含量均比香菇高出2倍以上。所含5%～7%的总灰分中，约一半是钾（2.97%），其余为磷（0.749%）、镁（0.053%）、钙（0.016%）、钠（0.012%）以及铜、硼、锌、铁、锰、钼等。所含维生素中，维生素 B_1、维生

素 B_2、维生素 B_3 分别为 0.3 毫克/100 克、3.2 毫克/100 克、4.92 毫克/100 克。姬松茸子实体含有 18 种氨基酸,其总量为 30.87%。其中人体必需氨基酸占总氨基酸的42.8%,比一般食用菌要高。此外,还含有比较多的麦角甾醇(0.1% ~ 0.2%),这些麦角甾醇类通过光合作用可转化为维生素 D,它能预防感冒和增强体质,对儿童可预防软骨病。特别值得提出的是,姬松茸提取物中所含的甘露聚糖、活性核酸、活性甾醇类及外源凝集素(A、B、L)等,具有很强的抗肿瘤活性,并有降血脂、降胆固醇和抗血栓作用,尤其对腹水癌、痔疮、神经痛、增强体力等方面具有独特的功效,广泛受到美食、保健、医学和药学界的极大关注。日本国际健康科学研究所所长称姬松茸是"拯救晚期癌症患者,地球上最后的生物"。研究还表明,姬松茸对人体各系统具有全方位的医疗保健功能,可预防和治疗糖尿病、便秘、痔疮、高血压等多种疾病。近年来,日本已掀起姬松茸热,并大批量向我国进口,其售价居高不下。随着我国加入世界贸易组织后的形势发展,姬松茸具有广阔的推广应用前景。

上篇 行家说势

目前,姬松茸自然季节栽培主要在我国福建、云南、江西等产区,各产区由于地理、资源、气候等因素的不同,栽培各具特点,望生产者因地制宜,取长补短。

（一）姬松茸产业化发展现状

姬松茸是著名的食用兼药用菌,营养价值十分丰富,含有人体多种必需氨基酸和抗肿瘤活性物质,市场需求量十分巨大。

目前,姬松茸产品以保鲜与烘干为主,内销150多个大中城市,并且出口日本及东南亚各国。从市场的消费势头来看,姬松茸已经成为都市居民"菜篮子"里面常见的食品,而在都市餐饮业的菜谱上也成为食客最为喜爱的美味山珍。随着生产的发展,近年来其市场定位已逐步走向蔬菜化,保鲜姬松茸从南方基地直接运往上海、广州、深圳、长沙、北京、西安、武汉等大都市,售价都在每千克150元左右,冬季和夏季产量低时售价每千克200元左右。姬松茸已逐渐被广大消费群体所接受,市场容量逐步扩大,消费潜力巨大。

姬松茸原产地位于巴西。人工栽培发展于日本、巴西。目前在日本、巴西、美国、中国、泰国、越南和印度尼西亚都已经广泛地进行人工栽培。我国自20世纪90年代把姬松茸列为珍稀菇品开发以来,发展速度很快,1998年全国总产量达1 000吨,2009年达到34 539吨。

姬松茸作为一种珍稀食用菌现已成功地进行人工栽培,其栽培技术大体上与双孢蘑菇相似。目前,姬松茸基本采用粪草畦床栽培的种植方法,培养料以稻草、麦秸、甘蔗渣和牛粪为主料。

栽培姬松茸,以农作物秸秆下脚料为原料。原料来源及加工过程无污染,栽培废料还田变为优质肥料,促进了农业生态的良性循环,对环境无破坏作用,是可持续发展的产业。在污染物方面,食用菌生产属于农业生产,基本无污染物,只要对生产、生活垃圾进行集中处理即可。

栽培姬松茸具有四个方面的显著特点:一是收入高,栽培面积330米²菇棚年收入在8 000~13 000元,是目前农村很难寻到的增收项目;二是能变废为宝,330米²菇棚年需干稻草或甘蔗叶等作物秸秆2.5吨、甘蔗渣2.5~3吨、干畜粪1.5~2吨(以牛马粪为好)、石膏粉300千克、生石灰100~150千克,在农村,这些作物秸秆十分丰富,过去大都被烧掉,很可惜,使用这些原料,不但能生产出营养丰富的姬松茸,而且种菇后的培养料还是种植水稻、玉米、甘蔗、薯类、魔芋等作物上好的有机肥;三是种植姬松茸用工量较大,每个菇棚一年需用工120~160人,除种菇户投入主要劳力外,还需请一部分临时工,为村内外闲置劳力增加收入创造了极好的条件;四是种植姬松茸用工虽多,但劳动强度不大,不受天晴下雨影响,老少皆宜。

（二）姬松茸栽培存在的问题

目前我国姬松茸生产方式大都属于单打独斗,靠自然气温栽培粗放型的社会化生产,而规范化设施栽培仅有5%。由于这种栽培模式与安全、高效、优质栽培的新要求差距较大,突出表现在:

1. 栽培方式相对落后,栽培管理技术不配套　姬松茸属于近年来刚引进的珍稀食用菌,对其生物学特性、高产栽培技术等方面,研究还不够彻底。在国外,姬松茸栽培主要采用工厂化栽培方式,而我国目前大部分种植户仍然采用自然栽培方式,生产条件较差,生产技术不规范。起源是一家一户,在房前屋后搭盖 1~2 个简易菇棚,逐步扩展到田野成片建棚。这种菇棚以竹木为骨架,四周用塑膜和遮阳网构成,棚顶和外围加草帘遮阳。因其成本低廉,构建容易,很快普及推广,形成连片棚群。在姬松茸社会化生产中,起到了加快发展速度的作用。这种简易菇棚在生产上,仅限于自然气温栽培。即使部分采用了设施栽培,其栽培管理技术也不配套,严重影响姬松茸单位面积产量提高和质量提升。

2. 管理不规范,出口潜能没发挥　姬松茸前几年之所以未能迅速打入国际市场,除了因其发展历史不长的因素之外,更重要的是姬松茸生产过程管理不规范,产品农残超标,所以外销一直难以拓宽。

3. 菌种管理不到位,优良菌株缺少　《种子法》及其相关法律规定,食用菌菌种归县级以上地方人民政府农业行政管理部门主管,但由于一些地方食用菌管理机构设置不健全,职能不明确,导致菌种管理不到位,个别地方姬松茸母种、原种、栽培种许可管理制度不落实,造成菌种市场比较混乱,生产用种的质量难以保证。由于姬松茸引进栽培时间较短,科研育种落后于生产需要,适应不同地区、不同季节以及不同原料栽培方式要求的优良菌株极少,不能满足生产需要。因此,多数地区产量偏低,生物学效率维持在 40%~60%,且不稳定。

4. 劳动强度大,配套机械没跟上　从现有姬松茸生产发展情况看,需要大量劳动力投入。由于进入社会化生产后,菇农现有劳动力紧缺,而且男工劳动工价由过去每天 50 元提高到目前 150~200 元;女工劳动工价由过去每天 25 元提高到 100~150 元。成本的提高迫使种植户推广机械化,以便减少劳动力投入,同时有利实现生产工艺规范化。但从现有配套机械来看,符合转型工厂化、标准化生产机械设计,尚未达到生产实用性的要求,形成供求矛盾。

　　任何一个产业的形成都会经历由诞生到成熟的发展历程,都具有其阶段性的发展模式。其发展速度的快慢、前景的好坏,取决于该产品对人类回报率的高低。

（一）姫松茸的发展模式

由于姫松茸栽培时间较短，属于珍稀食用菌，因此，借鉴其他种类发展的成功经验，应该采取"协会＋农户"的生产模式，这种生产模式在云南陇川的姫松茸栽培中得以实践，取得了很好的经济效益，值得借鉴学习。

云南陇川在 2006 年引进姫松茸种植成功的基础上，2007 年初，由农民自愿联合，经县科协批准、县民政局登记，成立了以姫松茸生产为重点的陇川县食用菌专业技术协会。协会以家庭经营为基础，以姫松茸生产技术合作为核心，以提高产品市场竞争力和增加会员收入为目的，通过"协会＋农户"的模式，吸收会员，引导和支持会员发展姫松茸种植，并在菇棚建盖、菌种引进、技术培训、鲜菇收购、市场开拓等方面为会员提供全程服务。协会与福建一家姫松茸专业大户签订了姫松茸菌种生产和鲜菇烘烤与销售协议，对内联合会员，开展科技培训与技术服务。协会实行三条主要措施：一是统一菌种，从源头上确保姫松茸生产质量，协会与福建一家姫松茸企业签订菌种生产协议，由企业带着原种到协会所在地制作优质生产用种，再与会员签订种植协议，然后根据生产需种量统一品种、统一质量、统一价格提供给菇农，其种款在收菇后的第一批菇款中扣清，从而保证了种菇农户的生产用种质量与数量；二是统一技术，从根本上确保姫松茸生产技术与效益，协会结合生产实际，制定了姫松茸生产实施方案与技术措施，并在集中培训的基础上选派技术人员到农户家中进行技术指导与服务；三是统一收购鲜菇、烤干外销，实行订单生产，避免了农民生产中的盲目性和风险性，实现全体会员共同利益的最大化，有效推动了姫松茸种植的规模化、产业化开发。

（二）姫松茸市场需求

姫松茸是一种发展潜力较大的食用菌。目前，姫松茸是我国主要栽培的特色食用菌之一，已实现了周年生产，其生产技术已经成熟，产量和质量均有了极大的提高。除鲜菇销售外，还开发了盐渍菇、干菇和罐头等系列产品，扩大了市场需求，成为百姓餐桌上的优质菜肴。据专家预测，我国今后食用菌消费量将以年均 10% 的速度增加，预计国内市场消费空间增长在 1 倍以上。

（1）国内市场 我国食用菌产量 1 000 万吨（鲜品），按国内市场消费 80%、出口 20% 计，目前我国人均食用菌消费量折鲜品仅 6 千克/年（16 克/天），折干为 0.6 千克/年（1.6 克/天），人均消费食用菌水平与日本、美国有很大差距，可见国内市场容量巨大。

（2）国际市场 食用菌是我国农产品出口中最具竞争优势的产品之一，食用菌大国的影响力（中国食用菌产量占世界食用菌总产量的 70%），劳动密集型产业的特性具有的价格优势，标准化生产的推行，质量安全水平的提高，国际市场需求的增长，决定了其良好的国际市场前景。目前，我国食用菌远销市场主要在 5 个区域，其中，日本、韩国、中国香港、中国台湾等地区是我国食用菌产品最重要的主销市场，出口量占 80% 以上，给姫松茸市场留出了广阔的市场空间。

（三）对姫松茸栽培未来前景的展望

由于姫松茸具有丰富的营养价值，既是名贵的营养滋补佳品，又是抗癌补肾的良药,市场的需求量大。因此,栽培姬松茸有着很好的市场前景。

姬松茸栽培生产是一项本小利大、无污染、低能耗、市场前景广阔、可持续发展的新兴产业。其生产原材料主要利用当地的农作物副产品资源变废为宝,具有不与人争粮、不与粮争地、不与地争肥、不与农争时、占地少、用水少、投资小、见效快等特点,同时能把大量废弃的农作物秸秆转化为可供人类食用的优质蛋白质与健康食品,并可安置大量农村剩余劳动力。因此,大力发展姬松茸栽培符合国家和地区产业政策。

姬松茸栽培遵守国家产业政策及农业产业区域规划,符合经济和社会发展需要,既有必要性,又有可行性。姬松茸高效栽培既有经济效益,又是绿色产业工程,具有非常显著的社会效益和生态效益。姬松茸栽培采用立体式、周年化生产模式,能有效缓解土地资源紧缺,节水、高效的姬松茸生产模式能有效降低生产成本,源源不断供应市场。

当前我国菌类产品的供求关系已由数量制约转变成以品种、质量、市场制约为主,必须改变长期以来菌类产品的增长方式和粗放的生产经营模式,适时地对菌类产品结构进行调整和优化,在开发新产品的基础上突出质量和效益,提高产品的市场竞争力。姬松茸标准菇棚栽培是姬松茸栽培发展的趋势,它有利于提高产品的品质;有利于促进食用菌栽培机械化程度的提高;有利于产业化的发展;有利于增加姬松茸的产量。通过产业化生产,更能生产出质量上乘、营养价值丰富的姬松茸。因此,规模化、产业化地栽培优质、价宜的姬松茸符合市场的需求,也符合产业发展的趋势。

姬松茸的主要原料是稻草、麦秸、甘蔗渣和牛粪,其原料生长环境、加工过程基本无污染,而且原料便宜、购买方便、成本低,粪草栽培具有椴木栽培所不具备的优点,有着很强的市场竞争力。在目前姬松茸市场需求日益增大的情况下,成本低、效益好的姬松茸必然能在市场中占有很大的份额,给菌户带来良好的收益。

姬松茸目前名气很大,但在大发展中还有不少技术难题。今后应从以下方面进行研究:

1. 加强新品种、新技术的研究

(1)加强菌种的选育 姬松茸栽培历史很短。菌种基本由日本引入,且多没有菌种编号,可见其野生性状浓厚。要得到适宜栽培的姬松茸菌种,必须对野生菌种进行改造,或通过进一步驯化、复壮、诱变育种等方式,选育适合我国各地栽培,以及供不同加工所使用的,高产、优质、抗逆性较好的菌种。

(2)深入开展姬松茸生物学特性的研究 更多了解、认识姬松茸孢子、菌丝、子实体对环境条件的适应性,为高产栽培积累更多的理论知识、实践经验。

(3)建立多种规范化栽培模式 使栽培技术与多种栽培基质,在多种生态条件下,巧妙地结合起来,完成其生长世代,为人类提供更多、更好的产品,为商业性栽培提供第一手资料和更多参数。

(4)综合防治各种病虫害 姬松茸作为一种客居物种,其病虫害发生及危害较少,随着栽培世代增加,适应性杂菌、病害、虫害增多,运用综合防治技术,有效、及时地防治病虫害,就会成为生产上的迫切需要。姬松茸作为食用、药用兼用型菇类,要尽量杜绝或减少有害物质的加入,无公害化防治技术尤为重要。

2. 加强食疗、药用效果研究　姬松茸有较好的食疗作用和药用效果,对其适用范围、食用方法、使用剂量等的研究刻不容缓。开展加工研究与开发,使姬松茸这一特种菇类,从多方面接近消费市场。

3. 提前做好宏观调控,防止一哄而上　姬松茸有良好的功用,又是国外传入的新菇类,短期内会有一个高价期。这是特定的需求市场和生产接轨不协调造成的。由于市场的吸引,很快会转变成供求平衡期。因此,要提前做好宏观调控组织,以销定产,防止一哄而上,消耗资源。

4. 组建企业集团　组建企业集团,以市场需求为导向,尽力服务消费者,扩展宣传力度,开拓新市场。分散的生产者独闯市场,是极为艰难的,要集结起来,聚积实力进行市场开拓,开辟营销市场。

5. 努力降低生产成本　加强科学研究,降低生产成本,缩短生产周期,实现产品周年化供应市场。并要以高科技、高技术装备姬松茸生产、加工过程,创姬松茸名优品牌。像美国经营可口可乐、日本经营麦当劳食品那样,把姬松茸这一能造福于人类的产品,推广到世界每一个地方,让来自大自然的神奇光芒普照人间。

中篇

能手谈经

从古至今，"留一手"现象在技术领域都有不同程度的存在，在此，高巨同志把自己多年来生产姬松茸的宝贵经验无私地奉献给大家，难能可贵。

种植能手简介

高巨,河南省商水县固墙镇黄台行政村人,现任周口职业技术学院教师,河南食用菌协会会员,周口市食用菌协会理事。

联系电话:13183235348。

通讯地址:河南省周口市中州路北段455号。

高巨自1991年开始从事食用菌种植,20多年来从未间断。他刻苦钻研,孜孜不倦,潜心研究食用菌栽培技术。为解决技术难题,北上南下,遍访名师,博采众长,虚心学习,探索、引进姬松茸等食用菌新品种及栽培新技术,在本地试验、示范、总结推广。在他的带领下,利用商水县丰富的麦草、牛粪资源,大力发展姬松茸等粪草生菌的栽培,目前已发展食用菌种植大棚200多座,其栽培的姬松茸生物学产量也大幅度提高。

功夫不负有心人,高巨已成为远近闻名的姬松茸种植能手。

一、种菇要选风水宝地 ············· ◆

姬松茸的生产不但需要生产场地的大环境清洁、卫生、无污染,而且要求交通便利,便于生产原料的进入及产品的销售。

（一）场地清洁卫生

场地环境要求地面平坦、开阔、高燥,通风良好,排灌方便,避免涝灾,远离病虫源。远离面粉厂、饲料厂、粮库、禽畜场、堆肥场、垃圾站,远离村庄和城镇居民区等一切产生病害、虫源的地方。处在污染区的菇棚见图4。

图4　处在污染区的菇棚

案例:河南省周口市川汇区蔬菜乡姬松茸种植户张思发,于2000年利用村边空闲地搭建占地400米²的大棚2栋,用于栽培姬松茸,由于是第一年栽培,他严格按照技术员要求操作,再加上新建大棚、原料都是7月购进,栽培获得了成功,取得了良好的经济效益。2001年,由于有了初步经验和栽培信心,在出菇结束后的6月他即备齐了生产原料,8月上旬即开始拌料栽培,结果在菌丝长至料深3厘米左右时,部分菌袋出现了不同程度的"退菌"现象,料内浓密洁白的菌丝逐渐消失,当时他也没太在意,后来料面迟迟不现菇,方才引起注意。后经技术人员细致观察,才发现是受到了大量螨虫的侵害,而其他区域的菇棚内却未受侵害。经技术人员实地勘察,发现系环境所致,因其棚区南50米处有一个养鸡场,棚区北100米处是养猪场,二者均是螨虫的传播源,其生产季节前提,高温、高湿适宜虫害传播繁衍是造成危害的主要根源。

（二）无污染源

避开水泥厂、石料场、热电厂、造纸厂等"三废"污染源5 000米以上。因这些单位在生产过程中会产生大量有害的烟雾(图5)、废水(图6)和粉尘(图7),会给周边空气

图5　热电厂排出的烟雾

及地下水源造成严重污染,从而对姬松茸生长及产品质量安全构成极大的威胁。

图6　造纸厂排出的废水

图7　石料厂生产的粉尘

　　案例一:河南省周口市川汇区南郊乡前王营村姬松茸种植户王国良,于2005年在责任田内建400米²温室大棚3栋,种植姬松茸,年栽培量在40 000袋,在其精心管理下,姬松茸长势一直很好,经济效益也很可观。2007年4月20日,正当长势喜人的大量鲜菇即将上市时,却出现菇体发黄、萎缩症状,因其种菇两年从未遇见过类似现象,一时慌了手脚,四处向同行寻诊问药,均未找到原因和有效的治疗方法。

　　后经专业技术人员实地勘察并详细了解情况后得出结论,系热电厂释放的浓烟所致,因其大棚距热电厂仅500米左右,在天气正常情况下,浓烟给周边环境造成的影响不易引起重视,但遇到连续阴雨、无风天气,大量烟雾受大气层气压影响,会下沉地面,由于浓烟所含的有害物质主要是一氧化碳和二氧化硫,当这些物质在空气中达到一定浓度时,会给出菇期的姬松茸等食用菌造成致命的伤害。这些姬松茸就是遇到了连续几天阴雨连绵,而出菇期的姬松茸又需要大量氧气,菇棚处于大量通风状态,使大量有害气体进入菇棚,造成了上述情况的发生。

案例二:河南省项城市南顿镇张庄村种植户张清林,于2007年8月在味精厂南500米左右建造500米^{2}姬松茸菇棚6栋,自打一眼30米深机井供生产用水,当年10月下旬至11月下旬栽培姬松茸7.2万袋,结果菌丝吃料后生长缓慢、稀疏,呈灰白色,其他区域与其同时栽培的菌袋菌丝洁白、粗壮浓密。经与多个技术人员和老种植户咨询,结果众说不一,有的说是辅料的原因,有的说是灭菌或菌种的原因,均未注意到水的问题,还说只要菌袋发满多培养一段时间,不会影响出菇,这也让张清林暂时安了神。

确实,菌袋发满菌丝后,随着继续培养时间的延长,菌袋内的菌丝有逐渐变浓白的迹象,虽然推迟了出菇期,这也让张清林沉重的心情得到了很大的好转。菌袋发好后,经过催菇,整齐的菇蕾在料面形成,随着菇蕾的长大,棚内需要喷水增湿,在管理中发现喷水后的子实体有发黄、萎缩、僵死现象,起初还以为是喷水过早、偏重所致,直到有一次因电路维修造成长时间停电,需从别处拉水用于喷洒增湿,才发现喷水后的菇蕾并未出现上述症状,方才认识到是水的原因。

（三）方便管理与销售

交通方便,水电供应有保证,保温、保湿性能好的地方。俗话说,交通是产品流通的命脉,特别是以鲜销为主的姬松茸,产地道路是否通畅直接关系到生产成本和经济效益的高低。水电是生产的基本保障,在机械化生产水平日益提高的今天,电动力可为生产起到事半功倍的效果。具备良好的保温、保湿环境和科学合理的调控,可使姬松茸产量、质量和经济效益明显提高。

姬松茸 种植能手谈经

能手谈经

二、为姬松茸建一个"安乐窝"

做什么事情都需要具备一定的条件，栽培姬松茸也不例外,同样需要人为营造一个适宜其生长发育的环境。

根据这些年生产姬松茸的经验,用屋式菇房、日光温室和现代化日光温室生产姬松茸均可。特别提醒读者,对于大棚的类型在没有足够的使用经验的情况下,最好不要擅自改动。因为,不同类型的大棚对菇形控制差异较大,以免因管理细节不到位而影响鲜菇的商品价值,从而给生产造成损失。

案例:我开始种姬松茸时,就曾因为想节约成本,在以前种平菇的简易菇房内栽培姬松茸20 000袋,由于简易菇房存在密封不严,保温、保湿性能差等问题,在出菇期间温、湿度和通风难以控制,结果长出的姬松茸菇小、菇稀、色深、产量低,致使我仅收回了60%的成本,白忙了一年还赔了钱。

菇房形式多种多样,在我们河南省常见的有标准菇房、草棚菇房、塑料大棚墙式菇房等。一般为坐北朝南,利于菇房冬季的保暖和通风。

（一）标准菇房

菇房面积以100～200米² 为宜,宽6～7米,长10～20米,瓦房或钢筋水泥菇房,墙壁、屋面应厚些。菇房顶要有保温层,菇房内安装有加温设备。南北墙设有上、下两排通气窗,下窗高出地面10厘米左右,有利于二氧化碳的排出,上窗的上沿略低于屋檐,窗户40厘米×46厘米。菇房的两端山墙安装排气窗,并安上排风扇,可进行强行通风。房顶安有拔气筒。菇房门窗安装有窗纱,墙壁应坚实并光洁,便于冲洗和熏蒸消毒,常见有地上式菇房(图8)和半地下式菇房(图9)。

图8　地上式菇房

菇房床架用木板、钢材或竹竿制作。床架和菇房垂直排列,靠房屋侧墙的床架宽约70厘米,中间的床架宽1.2～1.5米,床架层距0.5米,下层距地面30厘米,最上层离房顶1.3～1.5米。

（二）草棚菇房

草棚菇房夏天能降温,冬天又可遮风、保温、保湿,造价低廉,经济实用。菇房宽6～7米,长20～30米,中部立柱高3米,两侧立柱高1.8米,立柱横向间隔1米,纵向间隔4～5米。立柱的高度,由中部向两侧依次降低。菇房顶部纵横交错地放上竹竿或木棒,

图9　半地下式菇房

其纵向间距0.3～0.4米,上覆草帘,其上盖塑料薄膜。在四周围好草帘,两侧每隔2米开1个窗口。床架用竹竿或木板制作,与标准菇房床架设置基本相同。草棚菇房外观见图10。

图10　草棚菇房

(三)塑料大棚墙式菇房

塑料大棚宽度6.5～8米,长度为50～70米。建造时,先在北面用砖砌墙,或垒土墙,墙高为2.5～2.8米,厚为37～60厘米,墙体为空心结构,墙上开通风换气窗口。墙体分为外墙和内墙,内墙高为1.5米,外墙高为2米,后墙的仰角45°。

东西两端的墙体开设门和窗口。在南面搭建塑料大棚,先用钢筋或水泥柱做拱梁,一端固定在北墙顶部,另一端则插入地下,形成一个半拱形架,架与架之间相距1米。另外,再在拱形架上均匀地放3根横杆并加以固定。最后盖上塑料薄膜,再在塑料薄膜上加盖一层草帘。草帘的一端要固定在后墙上,使其可以成为收卷和展开的活动草帘。塑料大棚墙式菇房外观结构见图11。

图11　塑料大棚墙式菇房

塑料大棚内设床架。靠棚两边的床架宽0.7米,中间床架宽为1.5米,每层床架层距0.7米,每个床架四周设围栏,围栏高25厘米。床架之间相距0.5米,作为人行道。

三、生产季节安排 ························· ◆

根据当地的气候特点,合理选择生产季节,是获得低投入和高利润的基础。

根据当地的气候特点,合理选择生产季节,是低投入、丰产增收、高利润的基础。

周口市位于河南省东南部,地处黄淮平原,市区沙河、颍河、贾鲁河三川交汇。位于东经114°38′、北纬33°37′,雨量适中,气候温和,市区年平均温度18.7℃,最冷月1月,平均气温为2.7℃,最热月是7月,平均气温为27.9℃;年降水量平均为970.1毫米,主要集中在夏季,年平均湿度为68%,年平均降雪日为13天,无霜期平均为214天。属于典型的暖温带半湿润大陆性季风气候,四季分明,夏季炎热多雨,冬季寒冷干燥,春夏多南风,秋冬多北风,突出的环境和资源优势为姬松茸发展提供了极大的利润空间。

根据当地的自然条件,结合姬松茸菌丝生产温度10~34℃、适温为22~27℃,子实体发育的温度为16~33℃、适温为18~24℃,有超过25℃以上子实体生长过快的生物学特性,应科学安排春、秋两季栽培。周口春栽宜安排在3月下旬至4月上旬接种,5~7月出菇。秋播在8月下旬接种,9~10月出菇。有栽培设施的则另当别论,可实行周年栽培。

案例:2008年河南省周口市蔬菜乡西王营行政村种植户张青峰,承包某公司4个日光温室,由于日光温室9月底才能完工,听说姬松茸经济效益很好,原料方便,成本低廉,就着手准备种两棚姬松茸,按每棚300米^{2}计划。由于经验不足,两棚姬松茸接种完毕已过11月20日了。由于气温逐渐下降,覆土后迟迟不见出菇,听说由于温度低,急忙加温,但是出菇寥寥无几。急忙请教专家指导,发现由于栽培期过晚,气温下降,影响菌丝生长,致使出菇期延长,造成重大损失。

姬松茸 种植能手谈经

四、选好品种能多赚钱 · ◆

品种在很大程度上决定着产品的产量、品质及商品性状,优良品种是姬松茸生产获得优质高效的基础。

福建省农业科学院从国外引进的姬松茸品种中有 4 个菌株表现优异,分别为"新太阳"、"姬松茸 11 号"、"姬松茸 9 号"和"姬 A"。

(1)新太阳 菌丝萌发力强,爬壁能力强,粗壮,密集,色泽浓白,菌丝长势好,生长速度 0.53 厘米/天,菌盖浅褐色,子实体较嫩,口感较好,但韧性较差,不耐储运,菌柄粗壮,菌肉肥厚,朵形较大。

(2)姬松茸 11 号 菌丝萌发力强,爬壁能力强,粗壮,密集,色泽浓白,菌丝长势好,生长速度 0.52 厘米/天,子实体前期呈浅棕色至浅褐色;菌盖圆整,褐色扁半球形,直径为 3~4 厘米、盖缘内卷,韧性好,耐储运;菌褶离生,前期白色,开伞后褐色;菌柄实心,前期粗短,逐渐变得细长,长度为 2~6 厘米,直径 1.5~3 厘米,菌肉肥厚,朵形较小。产量高,转茬快。

(3)姬松茸 9 号 菌丝萌发力强,爬壁能力较强,粗壮,较密集,色泽洁白,菌丝长势较好,生长速度 0.48 厘米/天,菌盖褐色,韧性较好,耐储运,菌柄粗壮,菌肉肥厚,朵形较大。

(4)姬 A 菌丝萌发力强,爬壁能力较强,粗壮,较密集,色泽洁白,菌丝长势较好,生长速度 0.47 厘米/天,菌盖褐色,韧性较好,耐储运,菌柄粗壮,菌肉肥厚,朵形较大。

我从 1998 年开始种植姬松茸,至今已换过三次品种了。最初栽培的是从河南省科学院生物研究所引进姬松茸,之后又从江苏引进姬松茸,目前栽培的姬松茸 11 号是从福建引进的。姬松茸不要盲目引种,不经过试验切不可大量栽培。

案例:2003 年,我从广告上看到,有一种白色姬松茸,产量高,抗性强,菇形好,销路好,生物学转化率 100% 以上。就动了心,非常想试试。于是就高价购回了菌种,迫不及待地种了 100 米^2。出菇后发现,菇体颜色偏白,但长势弱,产量低,转化率 20% 不到,明显低于姬松茸 11 号等品种,受到了一定的经济损失。

五、自制生产用种能省钱

　　在大规模生产中，要想节约生产成本，提高栽培效益，自制生产用种是一种行之有效的方法。但生产者必须具备常用的制种设备，掌握专业的制种技能及菌种质量鉴别与保藏的专业知识。

栽培姬松茸,菌种的好坏是成功与否的关键环节。只有在选用优良品种的基础上,采取正确的制种方法,制出菌龄适宜、生长健壮、性能优良、纯度高的优质菌种,才能取得高产高效。因此,制种是一项细致认真、要求严格的工作,在具有一定实践经验和配套设备的前提下,方能考虑自制菌种。切不可轻信那种制种技术简单,买本书一看就会的说法。菌种一旦出现问题未被发现而应用于生产,造成严重的后果,会给生产带来极大的损失。

案例:2006年,由于贪图便宜,我从一个专业户那里购买了大量的姬松茸菌种。接种一周后发现大面积菌床菌丝不吃料,而另外从周口食用菌研究中心购买的菌种则发菌正常,请专家鉴定发现,专业户生产的菌种带有细菌污染,没有及时发现,后其菌丝把细菌覆盖了,用这样的菌种接种到新的菌床上,由于环境条件的改变,细菌大量繁殖,造成培养料发酸发臭,菌丝难以生长。后来专家建议调整酸碱度,采用重新播种的办法,挽回部分损失,但也造成了人力和物力的浪费,给生产造成了极大的影响。

食用菌一般是通过菌种来栽培的。食用菌的菌种可以分为母种(图12)、原种(图13)和栽培种(图14)三种(或分别称作一、二、三级菌种)。母种是最原始的菌种,是刚从孢子分离、组织分离或基内菌丝分离获得的菌丝体以及经过转管后的菌丝体。由于母种的菌丝体较纤细,分解养料的能力弱,所以不能直接用于生产栽培。把母种接种到原种培养基上长出的菌丝体称为原种。把原种接种到栽培种培养基上长出的菌丝体称为栽培种。原种和栽培种是直接用于生产的菌种。经过母种→原种→栽培种的繁殖后,菌丝体的数量大大增加,每一试管的斜面母种可繁殖成10～20瓶原种(750毫升装),每瓶原种又可扩大繁殖栽培种100～200瓶。在菌种数量扩大的同时,菌丝体也越来越粗壮,分解养分的能力也越来越强。在生产上只有这样的菌种,才能获得高产、优质的子实体。

图12　母种

中篇 能手谈经

图 13　原种

图 14　栽培种

（一）制种的基本设备

一般菌种厂应设置配料室、灭菌室、接种室、培养室。各室因用处不同,应分别配置相应的设施。现分述如下:

1.配料室　配料室是配制培养基和进行装瓶或装袋作业的场所。要求地面干整,最好是水泥地面,以四面边缘稍高、中部较凹的为好。在这样的地面上拌料时,水分就不会向外流和向地下渗漏,防止养分随水而流失。此外,还要求远离接种室,防止在拌料时原料中的粉末携带杂菌进入接种室内,造成接种时感染杂菌。配料室在建筑结构上没有特殊要求,一般房屋均可,面积视生产情况而定。规模小的菌种厂往往在室外水泥地上进行。室内应配备以下设备:

（1）衡器　磅秤（称量 100 千克）、盘秤（称量 10 千克）,天平、刻度塑料杯（容量1 000 毫升）。

（2）拌料工具　水管、铁铲、扫帚、塑料水桶等。大型菌种厂应配置搅拌机,以提高拌料的效率和质量,见图 15。

图 15　搅拌机

（3）分装工具　菌种瓶分装培养基，一般采用人工分装；袋装培养基，特别是长袋，一般采用装袋机分装。使用新型的装瓶装袋两用机，可使分装培养基全部实现机械操作。台式装袋机、菌种装袋机、冲压式装袋机见图 16、图 17、图 18，拌料装袋成套设备见图 19。

图 16　台式装袋机

图 17　菌种装袋机

图 18　冲压式装袋机

图19　拌料装袋成套设备

（4）其他设备　配料室还应配备电源、拌料场、操作台、有关的药品橱、器材橱等。

2. 灭菌室　灭菌室是指专用于培养基和其他物品消毒灭菌的场所。灭菌室是放置灭菌设备的场所，离接种室要近，最好与冷却室和接种室相连在一起，使灭菌出来的料瓶或料袋直接进入冷却室内冷却后，再送入接种室内。这样灭菌出来的料瓶和料袋，因为没有与外界空气接触，就可有效地防止因外界空气中的杂菌附着在料瓶和料袋上，而产生杂菌污染。

灭菌设备分高压灭菌设备和常压灭菌设备两大类。高压灭菌设备主要有手提式高压灭菌锅（图20）。用于试管斜面培养基灭菌，可用电、油、煤、柴等作热源。每次可容纳150～200支试管培养基。大型或中型灭菌锅（图21、图22、图23），用于原种、栽培种培养基灭菌，用电或以煤、炭、柴加热，容量每次可装约200瓶750克菌种瓶，目前应用较普遍。常压灭菌锅有铁桶式灭菌锅、平台式灭菌锅（图24）、蒸汽通入式灭菌锅（图25、图26、图27）。铁桶式灭菌锅是用铁桶改制而成的，主要用于菇农家庭制栽培种

图20　手提式高压灭菌锅

用,由于取材方便,造价低廉,灭菌效果较好,应用较普遍。平台式灭菌锅,灶面平整,灶内设一只大铁锅,锅上用水泥墙面或塑料膜密封。该灶主要用于料袋灭菌,适合于较大规模生产使用。蒸汽通入式灭菌锅,形式较多,但以常压蒸汽炉(图28)较理想。灭菌时将导气管放入池底木板底下,木板上整齐叠放灭菌材料,最上面至少盖两层薄膜。该炉灭菌效果好,灭菌量大,节省能源,可做大量推广。

图21 立式高压灭菌锅

图22 卧式高压灭菌锅

图23 大型高压灭菌锅

图24 平台式灭菌锅

图 25　蒸汽通入式灭菌锅　　　　　　　图 26　建造蒸汽通入式灭菌锅

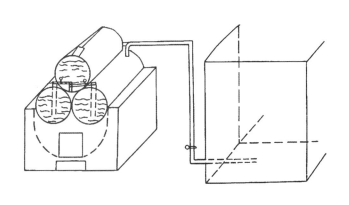

图 27　蒸汽通入式灭菌锅结构图　　　　图 28　常压蒸汽炉

诚告家行

大型菌种厂应设置冷却室,冷却室是用来对灭菌出来的料瓶或料袋进行冷却的场所。要求能散热,因而得在窗口上安装排风扇,并安装微孔膜来过滤空气中的杂菌。有条件的还可在室内墙壁上安装吸热材料,来加快冷却。对于生产量小的菌种厂和规模较小的菇农,可不设置专门的冷却室,将接种室与冷却室合二为一,利用接种室来进行冷却。

3. 接种室　接种室是用来接种的场所,配备有相应的接种设备。接种室要求密封性好、窗门应安装双层玻璃窗,门缝隙要小并安上海绵方条,以防止外界带菌空气进入接种室。接种室的空间容积不宜太大,以空间高度在 2.5 米左右、面积为 10 米^2 为宜。

如果空间太大、消毒困难,则难以达到无菌的要求。接种室的入口处,应是一个"Z"字形的通道,即在离外墙1.5米处设置一个内墙,内墙的上半部为玻璃墙,可透过玻璃直接观察到接种室内的情况;外墙入口处应与内墙入口错开。在内外墙之间便形成了一个人行道,这个人行道叫缓冲间,其作用一是防止外界空气直接进入接种室内,二是作更换衣服和鞋子的场所。在内墙顶部,安装1盏日光灯和1盏紫外线灯,缓冲间内也安装1盏紫外线灯。接种室内用砖砌一个工作台,或者放一张长条桌,在水泥台面上铺上白瓷砖。

接种室内的杀菌处理,是在待接种的料瓶或料袋放入后,于前一天晚上开启紫外线灯或臭氧杀菌机照射杀菌,同时用福尔马林、高锰酸钾混合所产生的气体来进行熏蒸杀菌,或者用气雾消毒剂点燃后产生的气体来杀菌。每次接种后,去掉杂物,并用消毒剂来擦洗地面和台面,进行消毒,此外,室内不要放置其他杂物,应使接种室内空旷,这样才便于杀菌处理。

常用的设备有接种箱、超净工作台及接种工具等。

(1)接种箱 接种箱又称无菌箱,是移接、分离菌种的场所,是一个用木板和玻璃制成的密闭小箱,内顶部装有紫外线灯和供照明用的日光灯。箱前开两个圆洞,洞口装有带松紧带的袖套,以防双手在箱内操作时外界空气进入造成污染。有单人操作(图29)和双人操作(图30)两种,可用木板、玻璃等自行制作。

图29 单人接种箱

接种箱消毒灭菌时,用紫外线灯照射30分即可。如果没有紫外线灯,可用福尔马林液10毫升倒入烧杯,再加入高锰酸钾5克(也可用酒精灯加热),熏蒸30分,或用气雾消毒盒、"消毒大王"等消毒。

接种箱制造容易,造价低,消毒彻底,移动方便。但箱内容量小,一次接种量也少。

(2)超净工作台 有条件的可购置超净工作台,它采用过滤空气达到灭菌目的。它

图30　双人接种箱

的优点是接种方便,工作舒服,杂菌污染少,工效高。超净工作台见图31。

实际工作中如果把接种箱或超净工作台安置在接种室内,接种效果更好。

（3）接种工具　指菌种分离、移接时所用的工具。几种常用的接种工具见图32。

图31　超净工作台

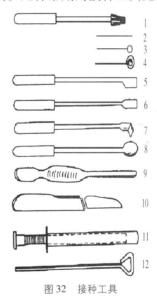

图32　接种工具

1. 接种棒　2. 接种针　3. 接种环　4. 接种柄
5. 接种刀　6. 接种铲　7. 接种锄　8. 接种匙
9. 接种镊子　10. 手术刀　11. 接种枪　12. 刮刀

1）接种棒　又称白金耳棒。由金属杆、胶木柄和前端螺帽组成,端部可固定自制的接种针、接种环、接种圈等。一般用于摄取孢子或钩取菌丝。接种棒分大、中、小三种规格。

2）接种钩　这种钩是把自行车辐条的一端磨成针状,在尖端 4～5 毫米处弯成直角。这种钩比较尖利,常用于组织分离。

3）接种刀　由不锈钢刀柄和刀片组成,刀有几种形状可更换。用于菌种分离时切割组织块或削取段木基内菌丝。

4）接种匙　通常用不锈钢匙与金属棒焊接而成。二级种扩大成三级种时用其舀取菌种。

5）接种铲和接种耙　把自行车辐条一端锤扁并磨锋利就成为接种铲,若在前端3～5毫米处弯成直角就叫接种耙。用于铲取和切割带菌琼脂培养基。

4.培养室　培养室是培养菌种的场所,又叫恒温室,培养室空间不宜过大。空间过大,不利于调节温度、杀虫和进行杀菌处理。培养室内用于放置菌种的培养架,要根据菌种容器的大小来设计,用于放置瓶装菌种的培养架,用木材或钢材来制作。培养架宽为60厘米,层距为50厘米,培养架高为180厘米,培养架之间相距70厘米。若是用于放置菌种袋的,除可使用以上相同的培养架外,还可用竹竿来搭建培养架。所搭建的培养架,高为200厘米,宽为80～100厘米,上下层之间相距30厘米。在使用之前,要用杀虫剂和杀菌剂进行处理,以去除杂菌和害虫。常配备如下设备：

（1）恒温箱　一般用于培养母种及少量原种。它是菌种培养、性能测定中不可缺少的设备。可购买专业工厂产品或土法自制。恒温箱见图33。

图33　恒温箱

（2）加温设备　一般用空调、电炉、远红外线热风器等。缺电源地方用火炉,但要设置排烟筒,以免有害气体对菌丝造成影响。

（3）降温设备　一般说,在一定的温度和空间,降温比升温难得多。所以一般在高温季节把菌种转移到地下室,窑洞内可采用地面、墙壁、屋顶喷水等方法降温。有条件可购买空调器。

（4）培养架　采用木材或角铁制作。一般宽为60厘米,层距50厘米,底层离地20厘米,高、长视培养室大小而定,一般5～8层。垫板最好选塑料板。主要用来放置接种后的瓶、袋。培养架见图34。

（5）干湿温度计　用来测定环境温度和相对湿度。

图 34　培养架

菌种厂除具备上述四室外,还应配备相应的仓库,以便用来贮藏原料和必需物资。

(二)消毒灭菌药物及器具

1.化学消毒灭菌药物　消毒与灭菌是两种不同的概念。消毒只能杀死部分杂菌,而细菌的芽孢、霉菌的厚坦孢子等不能被杀死,只是处于休眠状态,使其暂时不能发生危害。灭菌是指将所有微生物都杀死。因此,在进行食用菌的生产时,要分清灭菌药物和消毒药物,正确选用,才能有效地控制杂菌。

(1)乙醇　又叫酒精,能使微生物菌体蛋白质脱水变性后死亡。有效浓度为70% ~ 75%。高浓度和低浓度的酒精都无杀菌作用。通常的杀菌酒精,是用95%乙醇配制而成的。配制方法是:取95%的乙醇75毫升与20毫升无菌水或蒸馏水混合后,即为75%的酒精。没有无菌水时,可用冷开水来代替。配制好的酒精,应装入密封性好的瓶内贮存,以防止乙醇挥发,降低浓度后乙醇会失去杀菌作用。

乙醇通常是制成酒精棉球使用。即先将棉花制成小团块,放入密封性好的瓶中,倒入酒精湿润棉球,需要时直接取酒精棉球使用。常用于对手、菌种瓶或袋的外壁、接种工具和进行组织分离时的菇体表面,做杀菌处理。防治对象为细菌和真菌。

(2)苯酚　又叫石炭酸,是一种表面活性杀菌剂。在高浓度下可使微生物的细胞膜受到损害,蛋白质变性或沉淀,从而使微生物死亡。生产上的使用浓度为3% ~ 5%,常用于接种室和培养室的环境喷雾杀菌,以及菌种瓶或袋的外壁清洗杀菌。配制方法是:取3 ~ 5克的苯酚,放入95 ~ 97毫升的无菌水或冷开水中,溶解后即成为杀菌剂。因苯酚的腐蚀性强,对皮肤有腐蚀作用,使用时应戴上塑胶手套,使其不与皮肤接触。防治对象为细菌和真菌。

(3)来苏儿　是一种表面活性消毒剂。杀菌能力比苯酚强4倍,其杀菌机理与苯酚相同。使用浓度为2%,市售的来苏儿浓度为50%。使用浓度的配制方法是取50%来苏儿40毫升,加水960毫升,混合后即为2%来苏儿消毒剂。主要用于接种场所空间、

工具和菌种瓶外壁的消毒处理。防治对象为细菌和真菌。

(4)漂白粉 又叫次氯酸钙,是一种氧化型消毒剂。其杀菌机理是次氯酸遇水分解为次亚氯酸,使细菌的菌体受到强烈的氧化作用而死亡。使用方法是:用于表面消毒的使用浓度为 2% ~5% 水溶液,用于喷雾消毒的浓度为 0.5% ~1%。配制时,若加入 0.5% ~1.0% 硫酸铵或氯化铵,可提高杀菌效果,使杀死细菌芽孢的时间由 2 小时缩短到 2 分。防治对象为细菌类病原菌。漂白粉的水溶液极不稳定、杀菌效力持续时间短,应随配随用,取上清液使用。使用时注意不要与衣服接触,以免衣服褪色。

(5)过氧乙酸 是一种氧化型表面消毒剂。杀菌机理是以其强烈的氧化作用,破坏菌体内的原生质和酶蛋白,从而使其死亡。市售的过氧乙酸浓度为 40%。生产上使用的浓度为 0.2%。配制方法是:取 40% 过氧乙酸 5 毫升,加水 995 毫升,混合后即为 0.2% 消毒剂。常用于菇房和接种室内的空间与接种用具的消毒。稀释液要随配随用,最迟不超过 3 天。防治对象为真菌。

(6)新洁尔灭 是一种阳离子型表面杀菌剂。其高浓度溶液能杀菌,低浓度溶液能抑制微生物生长。对器材无腐蚀作用,对人体无刺激作用,是一种有效的灭菌杀菌剂。商品浓度为 5%,使用时应稀释为 0.25% 的水溶液。其配制方法是:取 5% 新洁尔灭 50 毫升,加水 950 毫升,混合后即为 0.25% 的杀菌剂。用于接种室、出菇房内喷雾杀菌和菌种瓶外壁、器材与手的表面灭菌处理。由于杀菌持续时间短,故应随配随用。防治对象为细菌和真菌。

(7)福尔马林 是指含有 40% 福尔马林水溶液。它能使微生物菌体内的蛋白质变性而死亡,在 6~12 小时内就能杀灭细菌芽孢和病毒。常用于接种室(箱)内和培养室内熏蒸杀菌。每立方米空间的用量为 10 毫升。使用方法是:将 2 份福尔马林与 1 份高锰酸钾混合,用所产生的福尔马林气体来进行熏蒸杀菌。或者将福尔马林装入碗中加热、用所产生的福尔马林气体来进行杀菌。因福尔马林气体的刺激性气味大,使用后不能立即进行接种操作,而应在用药几小时或者半天以后,待福尔马林气味减少至无太大的刺激性气味时,才可进行接种操作。若在接种时仍有较大的气味,可喷氨水或醋酸来中和福尔马林。也可配制成 1% 福尔马林水溶液,用于培养室和菇房的环境喷雾杀菌。此外,福尔马林可用于消除发酵料中的氨味。具体方法是:在有氨味的发酵料中,喷入 1% ~2% 福尔马林,就可去除发酵料中的氨味。

(8)高锰酸钾 是一种强氧化剂。其杀菌机理是使菌体酶蛋白被氧化而失去酶活性,从而使其死亡。主要用于器材、菌种容器外壁和手的表面灭菌。使用浓度为 0.1% ~0.2%。这种浓度溶液的配制方法是:取高锰酸钾 0.1~0.2 克,将其加入 100 毫升的冷开水中,溶解后即可使用。要随配随用,放置时间不能过长,否则会丧失灭菌作用。防治对象为细菌和真菌。在使用时,往往会将皮肤着色,色素难以去除,只有用维生素 C 片来擦洗,方可将其去掉。此外,高锰酸钾和福尔马林混合后,会产生福尔马林气体,可用以对环境进行熏蒸杀菌。

(9)多菌灵 是一种广谱内吸性氨基甲酸酯类杀真菌剂。其杀菌机理是干扰菌体细胞的有丝分裂过程,从而使其死亡。可用于半知菌和子囊菌等真菌的防治,但它对毛霉、根霉和链孢霉等无效。常用于生产环境、菌床和拌入料中杀菌,但在拌料使用时,只能用于栽培伞菌类的培养料。木耳、猴头菇、灵芝等非褶菌类对多菌灵十分敏感,在有多菌灵的培养料中,这些食用菌就不会萌发生长。市售剂型为 25% 的可湿性粉剂和 50% 的可湿性粉剂。使用浓度分别是:拌入培养料中的浓度为 0.05%,即 100 千克培养料中加入 50% 多菌灵可湿性粉剂 0.1 千克。用于环境喷雾杀菌时,应配制成 0.25% 的水溶液。使用时,应注意不要与铜制剂和碱性物质混合使用,否则会因发生分解而失效。

(10)甲基硫菌灵　是一种广谱内吸性杀菌剂。该杀菌剂对人、畜低毒。用于环境和菌床局部杀菌,对湿腐病和干腐病有较好的效果。使用方法是:20% 甲基硫菌灵可湿性粉剂稀释成 200～1 000 倍液后,进行喷雾或做局部杀菌处理。

(11)烧碱　又叫氢氧化钠,是一种强碱,具有较强的腐蚀性。常用于培养室及出菇场所的环境杀菌,同时也可通过使环境造成碱性来抑制杂菌的生长繁殖,减少杂菌污染。使用方法是:配制成 10% 的烧碱水溶液喷雾,在环境中进行杀菌处理。配制方法是:取烧碱 0.1 千克,加入 1 升水中,溶解后即成。以现配现用为好。一次没有使用完的烧碱液,装入玻璃瓶时,瓶口不能用玻璃瓶塞,否则会使瓶口和塞子黏合在一起,无法打开。喷雾时要穿上雨衣,防止碱液洒在衣服上,造成衣服破损。使用结束后,喷雾器要立即用清水冲洗干净,以免使喷雾器腐蚀受损。

(12)气雾消毒剂　是近年来开发的一种新型烟雾熏蒸型杀菌刑。其产品有"菇保一号"和"气雾消毒盒",是利用其燃烧时产生的烟雾来杀菌。对食用菌生产中常见的多种杂菌,如链孢霉、青霉和黄曲霉等,都有很强的杀灭作用,杀菌效果可达 100%,它具有用量少、使用方便、又无强烈刺激性气味的特点,不像福尔马林那样有强烈的刺激性气味,可用于取代福尔马林。常用于接种室(箱)和培养室内的熏蒸杀菌。使用方法是:每立方米空间的用药量为 2 克,即一小包药剂。杀菌时,用火点燃塑料包装袋,即可产生出大量的白色烟雾,弥漫在整个空间,从而将环境中的杂菌杀灭。大约熏蒸处理半小时后,就可进行接种操作。此外,还可配制成 2 000 或 3 000 倍的水溶液,用以进行清洗和喷雾灭菌。

(13)多霉灵　是一种广谱、高效杀菌剂。它是用氯、磷、硫等成分化学合成,具有较强的干扰性和高度的选择性,可干扰食用菌生产中出现的杂菌的正常生理活动,从而使食用菌的生长不受影响。对食用菌生产中常见的木霉、青霉、毛霉和曲霉,以及细菌等均有较强的杀灭力。多霉灵已广泛地用于食用菌生产中。目前在市场上投放的多霉灵产品有两种剂型,其使用方法如下:

1)多霉灵 SJ－IX 型　每袋装量 50 克,使用前用水化开,待其充分溶解后,再按比例使用。用于器械和皮肤消毒的,加水量按 1:(600～800)的比例掌握,浸泡或擦洗 5 分即可;用于接种室、培养室和菇房内喷雾消毒的,加水量为 1:(800～1 500),溶解后喷雾,再密闭 30 分。生料拌料栽培时,每 100 千克培养料中,拌入多霉灵 100 克,堆闷 24 小时,即可使用。菌床或菌袋中局部感染杂菌后,用它注射或灌注长有杂菌的部位,间隔 1 天 1 次,连续 3 次,可抑制杂菌生长。

中篇　能手谈经

2）多霉灵 SJ－ⅡX 型　是在 SJ－ⅨX 型的基础上,补充了食用菌必需的多种营养元素的新型杀菌剂。不论是生料栽培或熟料栽培,都能有效地预防霉菌生长,并能促进食用菌菌丝生长,使出菇期提早 5～7 天,产量增加 15%～30%。用于栽培生料时,每 100 千克干料加药剂 100～200 克;用于栽培熟料时,每 100 千克干料加药剂 75～80 克,将其溶于水中,再均匀地拌入料中。用于菌袋或菌床局部污染霉菌的杀菌时,每袋加水 20～30 升,然后均匀地将溶液喷洒或注射到感染部位,隔 1 天 1 次,连用 2～3 次,严重污染的,可适当提高浓度。使用时,注意不能与铜制剂和酸碱性较强的农药混用。

（14）复合酚　复合酚对链孢霉、曲霉、青霉和绿霉,以及菌蝇与菌蚊等,都有极强的杀灭力。它可用于培养室和菇房的环境杀菌,也可用于感染杂菌部位做局部注射杀菌,但不能用于拌料。

将复合酚用于环境喷洒杀菌时,可按 1：300 的比例稀释后使用;用于感染杂菌区局部处理时,可将其稀释 100～200 倍后灌注或注射杀菌。操作时,注意不要将它与碱性药物混合使用,以免失效。

2. 物理消毒与灭菌

（1）紫外线灭菌　紫外线灯产生的紫外线,对环境中的杂菌有杀死作用。有效的杀菌紫外线波长为 200～300 纳米,其中以 265 纳米的杀菌能力为最强。其杀菌原理:一是微生物的细胞吸收一定剂量紫外线后,导致细胞内核酸、原浆蛋白和酶发生化学变化而死亡;二是可将空气中的氧气变成臭氧,利用臭氧来杀菌。紫外线的穿透能力较差,不能透过不透明物体,仅对空中和物体表面的杂菌有作用。其使用方法是:在每立方米的空间中,安装 1 盏 30 瓦的紫外线灯,在接种箱内则安装 1 盏 15～20 瓦的紫外线灯。这样,就可达到灭菌的目的。一般 1 盏 30 瓦的紫外线灯,其有效杀菌范围为 1.5～2 米。

（2）臭氧消毒杀菌　这种方式采用臭氧杀菌机进行灭菌消毒。臭氧杀菌机,是一种制造臭氧,利用臭氧来杀菌的仪器,见图 35。臭氧可杀死细菌的繁殖体和芽孢、病毒及真菌等。一般安装在接种室内使用。根据室内空间的大小,来选用不同型号的臭氧杀菌机。臭氧杀菌机的使用方法是:一次开机杀菌处理 2 小时,就可达到杀菌的目的;在停机后 30～60 分,臭氧气体自行还原为氧气,在其还原期间仍可起到杀菌作用。臭氧消毒杀菌机,在空气相对湿度大于 60% 的条件下,使用效果最好。湿度越大,杀菌效果就越好。若室内湿度过低,可采取在地面洒水或喷水的措施来提高湿度,以便收到更好的杀菌效果。

另外,国内还有多种杀菌原理一样的同类产品,如接种器和电子灭菌消毒器等,可根据需要选购。

3. 接种场合的灭菌措施

（1）接种室（箱、罩）的灭菌方法　接种室（箱、罩）是

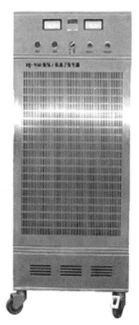

图 35　臭氧杀菌机

进行接种操作的场所,必须严格地进行无菌操作,才能有效地防止杂菌感染。在接种操作的各个环节上,都要认真地做好杀菌工作。为了提高灭菌效果,最好采取多种方式进行灭菌处理,而且也不要长期使用同一种杀菌剂,以免使杂菌对药物产生抗性。常用的杀菌方法有以下几种:

1)熏蒸杀菌法 即用福尔马林与高锰酸钾混合后产生的福尔马林气体来熏蒸杀菌。具体方法是:每立方米的空间用福尔马林8～10毫升,加入4～5克高锰酸钾混合,就会立即产生大量气体,弥漫在整个空间,从而将环境中的微生物杀死。在熏蒸期间,要密封好需要杀菌处理的场所,防止气体在短时间内就从其中散发掉,因而达不到灭菌的目的。由于福尔马林刺激性气味大,使用后无法立即进入其中进行接种操作,因此,应在使用前一天或几小时进行熏蒸杀菌,待福尔马林气体散发掉后,对人体无太大的刺激性时,方能进行接种操作。此外,还可用气雾消毒剂,如气雾消毒盒和菇保一号等。气雾消毒剂可代替福尔马林,而且刺激性气味小,是一种常用的熏蒸杀菌剂。其使用方法是:每立方米的空间用3～6克,即2～3小包(每包装药量为2克)。杀菌时,将所需要数量的药物,用火点燃其包装袋,即可产生大量的白色杀菌烟雾,充满整个环境。由于其刺激性气味小,在使用1～2小时,待烟雾散去后,就可进入其中进行接种操作。

无论使用哪一种药物进行熏蒸,使用量都不要太大,否则料袋或培养基中就会进入药物,造成接种后菌种不萌发。也不要将菌种一并放入进行熏蒸,以防止菌种被杀死。

2)喷雾杀菌法 所谓喷雾杀菌法,就是喷洒杀菌剂来杀灭环境中的微生物,创造一个无菌存活的环境。常用的杀菌药剂,有1%～2%来苏儿,或0.25%新洁尔灭等杀菌剂。在使用前的半小时至1小时,用喷雾器装药喷雾,在接种操作场所进行杀菌处理。喷雾杀菌剂,一是可直接杀死空中的微生物;二是使空中的微生物孢子吸水后降落在地面上,使悬浮在空中的孢子量减少,从而在接种时不造成杂菌感染。因此,采用喷雾杀菌剂,也是一种较好的杀菌方法。

3)照射杀菌法 这是利用紫外线灯或臭氧消毒杀菌机,对接种操作场所进行照射杀菌的方法。紫外线灯的使用方法是:将培养基和接种工具放入室内后,开启紫外线灯,照射30～60分后关灯。需要注意的是,不要将菌种放入其中一并进行照射处理,以免引起菌种发生变异或死亡。在关灯后,不要立即开启日光灯,以免引起光复活,达不到杀菌的目的。也不可开启紫外线灯进行接种操作。这样做,一是防止紫外线对人体特别是对眼睛的损伤;二是防止紫外线引起菌种发生变异。利用臭氧消毒杀菌机照射杀菌时,将培养基和接种工具放入后,开启臭氧消毒杀菌机,就会产生大量的臭氧弥漫在环境中,从而对环境中的微生物进行杀灭。由于在较高的湿度下杀菌效果好,因此,在湿度偏低时,可通过在环境中洒上一些水,增加湿度,来提高杀菌效果。开机30～60分即可达到杀菌的目的,关机后待臭氧还原成氧气后,方可进入其中进行接种操作。大约在关机30分以后,可开始进行接种操作。但也不能开机进行接种,防止对人体造成危害和对菌种产生不良影响。

此外,在接种之前,还要用杀菌剂对工作台面和地面进行擦洗杀菌。

接种室或箱内的灭菌处理,是防止菌种感染杂菌的关键,因此必须创造一个无菌环境条件。在进行灭菌处理时,不要长期使用同一种药物,以免杂菌对药物产生抗性,而不能被杀死。因此,要交替使用杀菌剂,并在进行灭菌时,最好同时采取物理杀菌方法和化学杀菌方法。这样,才可达到无菌要求。每次接种完毕后,要清除杂物,并用杀菌剂擦洗工作台面和地面。还要用杀菌剂喷雾,杀死接种环境中的杂菌和食用菌的无性孢子,如金针菇粉孢子,防止在下次接种时,感染菌种,造成同一菌种瓶内出现两种食用菌菌丝。此外,接种场所内除放置少量接种工具外,不要放置别的杂物,使接种场所内保持空旷,以防止杂菌的生长,确保杀灭效果。

(2)接种工具和菌种表面的杀菌处理

1)用药物擦洗杀菌　接种工具和菌种容器的表面,要用杀菌剂擦洗杀菌,如75%酒精,或0.2%高锰酸钾,或0.25%新洁尔灭等。在进行菌种容器表面的杀菌时,注意不要将药物灌入容器内进行处理,以免杀死菌种。蘸有杀菌剂的接种工具,要擦净后才能用来盛装菌种和钩取菌种。经表面杀菌处理后的菌种,要及时放入接种场所内,以防止放在外面时出现二次染菌。接种工具应在接种场所内进行杀菌处理后备用。

2)灼烧灭菌　仅用杀菌剂进行处理,难以彻底灭菌。用火烧是最有效的灭菌方法。接种时,先将接种工具放入装有酒精的试管中,蘸取酒精后,再放在酒精灯火焰上,反复来回地灼烧杀菌,待其冷却后再用来钩取菌种。对于玻璃瓶装菌种,使其瓶口内外壁蘸取少量酒精后,也把它放在酒精灯上点燃,进行灼烧,杀灭菌种瓶口内外壁的杂菌,从而有效地防止杂菌感染。在接种过程中,要经常将接种工具放在酒精灯火焰上灼烧,其目的是防止某一瓶菌种中有杂菌存在,通过接种工具而被传染下去。接种工具每次灼烧都要等冷却后,方可用来钩取菌种,以防将菌种烫死。

(3)培养室内的消毒与杀虫灭鼠

1)消毒处理　培养室的杀菌处理也是防止杂菌感染的关键措施之一。做好培养室的消毒处理,首先要保持室内清洁卫生,墙面上要用石灰水粉刷。其次是用杀菌剂进行喷雾杀菌或熏蒸杀菌。对于多年使用过的和已出现过较大杂菌感染的培养室,除了采取喷雾消毒杀菌外,还需用福尔马林或气雾消毒剂进行熏蒸杀菌。培养室内空间较大时,要采取用塑料膜作顶棚来降低房间的高度,门和窗口也要用塑料膜来密封。在菇房内设置培养室时,可在菇房内用塑料膜围一个小型的培养室,这样就较易进行杀菌处理。如果培养室内曾出现过大量的链孢霉污染,就要使用能杀死链孢霉的药物,如复合酚、福尔马林等,来进行喷雾或熏蒸杀菌处理。这样才能杀死链孢霉孢子,防止链孢霉传染。经过杀菌处理后,应立即关闭门窗,密闭1~2天。然后再打开门窗,让药物散发掉后,再放入菌种进行培养。

现在有的食用菌生产专业户,建造大型菇房栽培食用菌。他们所建的房屋,既是培养室,又作出菇房用,在就地培养菌袋后,又就地排袋出菇。这样,不需要单独修建培养室,可节省建房投资。作培养室用时,是在其他食用菌出菇结束之后。首先清理出菌袋和各种残渣,并喷洒杀虫和杀菌药物,进行除虫灭菌处理。作培养菌袋的场所时,先在地面上铺一层塑料膜,再堆码已接上菌种的菌袋,进行培养。若是在正在出菇的菇房内培养菌袋时,则要先用塑料膜围成一个培养室,再进行喷药杀菌或熏蒸杀菌。培养室的大小,应根据所放入菌袋的多少来确定。在夏季,培养室要宽敞,这样才容易散热。

利用出菇房兼作培养室,就地培养菌袋,在菌丝长满袋后,即就地排袋栽培,可大大节省另建培养室的费用。这种设施适合我国农村条件,可进行大规模的生产。现在,有的食用菌专业户修建的菇房,面积达到 3 000 ~ 6 000 米^2。他们在菇房旁边建造灭菌灶,使菇房既能出菇,又可作培养室,一室多用,有效地解决了大规模生产中的培养室问题。但是,这要搞好灭菌工作,保持环境的清洁卫生。每种完一批菇后,要及时清除残留物,通风干燥,喷药杀菌。

2)杀虫处理 培养室内的杀虫处理,也是一个重要的环节。在菌种或菌袋培养期间,会出现各种害虫危害,如果不及时杀灭,就会在菌种或菌袋中产卵繁殖,造成菌丝体被吃掉等较大的危害。菌种或菌袋培养期间的害虫,主要有菌蝇、菌蚊和螨虫等。在选用农药时,要考虑既能杀灭菌蝇和菌蚊,又能杀灭螨虫,因此,要选用多种农药来灭虫。能杀死菌蝇和菌蚊的农药,主要有敌敌畏、功夫和除虫菊酯类;杀灭螨虫的农药,主要有杀螨特、杀螨砜和敌敌畏等。对于密闭条件好的培养室,最好使用磷化铝来进行熏蒸杀虫,磷化铝能杀灭各种害虫,使用后又不增加湿度,是一种较好的杀虫剂。其使用方法是:按每立方米容积用 0.2 ~ 0.4 片药的药量标准,将适量的药剂放入室内,产生出大量的磷化氢气体,弥散在培养室内杀灭各种害虫。放药后,要立即关闭培养室,过 4 ~ 5 天后,再打开门窗。待药物气体散发完后,操作人员才能进入室内工作。否则,会造成人员中毒。

3)灭鼠 在培养菌种期间,防止鼠害也是一项重要的工作。老鼠的危害,一是啃食原种中的母种块,二是在菌袋中打洞,造成菌袋报废。特别是谷粒菌种,更易被老鼠危害。防止鼠害的方法:一是在窗户上设置铁纱窗网,并且不留门缝,不给老鼠留入口;二是在培养室内的墙脚边放上毒鼠药,以毒死进入其内的老鼠。

(三)母种制作

1.母种培养基的制作

(1)母种培养基常用配方 由于母种的菌丝较纤细,分解养料的能力弱,所以要在营养丰富而又易于吸收利用的培养基上培养。适宜母种菌丝生长的培养基很多,现介绍几种最广泛应用的母种培养基:

1)马铃薯葡萄糖琼脂培养基(PDA 培养基) 马铃薯(去皮)200 克,葡萄糖 20 克,琼脂 18 ~ 20 克,水 1 000 毫升。

制法:将马铃薯去皮、称重,切成指头大小的小块,加水煮沸 30 分,用双层纱布过滤。补充蒸发掉的水分(补足 1 000 毫升水)。加入琼脂继续煮,待琼脂完全溶化后加入葡萄糖,调节 pH,然后装入试管,灭菌后制成斜面。

2)蛋白胨葡萄糖琼脂培养基 蛋白胨 2 克,维生素 B$_1$ 5 毫克,葡萄糖 20 克,磷酸二氢钾 2 克,硫酸镁 1 克,琼脂 18 ~ 20 克,水 1 000 毫升。

制法:先将蛋白胨和琼脂放在水中煮沸,待全部溶化后加入其他成分即成。

3)小麦(绿豆)汁琼脂综合培养基 小麦(绿豆)400 克,蔗糖 10 克,磷酸二氢钾 2 克,硫酸镁 1.5 克,蛋白胨 5 克,琼脂 18 ~ 20 克,水 1 000 毫升。

制法:先将小麦(绿豆)浸泡4小时,再加热煮沸20分,然后用双层纱布过滤,补充蒸发的水分。加入琼脂,待其完全溶化后加入其他成分。

4)综合PDA培养基 土豆100克,棉子壳50克,麦麸50克,葡萄糖20克,磷酸二氢钾2克,硫酸镁1克,硫酸亚铁0.01克,维生素B_1 10毫克,琼脂18~20克,水1 000毫升。效果优于PDA培养基。

制法:把棉子壳和麦麸先用纱布包好,再同土豆一起加热煮沸30分,过滤取汁,补水后再加入琼脂,煮至完全溶化,加入其他成分。适用于培养各种真菌。

5)完全培养基(RM) 蛋白胨2克,葡萄糖20克,磷酸二氢钾0.46克,磷酸氢二钾1克,琼脂20克,水1 000毫升。

制法:同蛋白胨琼脂培养基。有利于菌丝交合。如在配方中加酵母膏0.5~1克,可使菌丝生长更旺盛。

(2)母种培养基配制的工艺 母种培养基配制流程大致如下:

称量、取汁与补水→酸碱度的测定和调整→加凝固剂及分装→加棉塞和进行灭菌制斜面,制作流程见图36。现分步介绍如下:

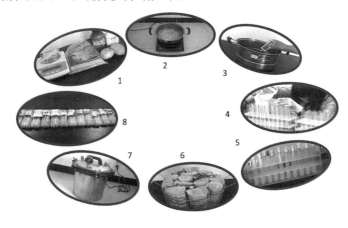

图36 母种培养基制作流程
1.称量 2.取汁 3.测量酸碱度 4.分装 5.加棉塞 6.捆绑 7.灭菌 8.制斜面

1)称量、取汁与补水 按配方要求正确称取各种营养物质,贴明标签待用。对去皮切块的马铃薯等进行取汁,放入容器中加清水1 000毫升,文火煮沸20~30分后,用双层纱布(湿)过滤取汁。取汁后继续加热并放入其他成分,加热溶化后,补水量至1 000毫升。

2)酸碱度的测定和调整 测定pH用pH试纸或酸度计进行。过酸,用稀碱液1摩尔氢氧化钠(即称取4克氢氧化钠加水100毫升)进行调整;过碱时,用1摩尔稀盐酸液(即84毫升盐酸加水916毫升)调整。

3)加凝固剂和分装 将琼脂称量后加入溶液,文火煮沸,边加热边搅拌,至全部溶解,趁热进行分装。分装前要准备好容器,制作母种一般都采用20毫米×200毫米试管分装。分装前要注意把试管清洗干净,新使用的试管常残留氢氧化钠,需用稀硫酸液在烧杯中煮沸,冲洗干净,晾干备用。分装时用分装器或人工分装,用带刻度的细玻璃吸管,分装比较简便。装量为试管长度的 1/5～1/4,切忌培养基污染管口,若不慎污染应洗净重装。

4)加棉塞、灭菌和制斜面培养基　棉塞可过滤空气,防止杂菌侵入,还能缓解培养基内水分蒸发。所以在培养基分装后要加棉塞。棉塞用普通棉花制作,不宜用脱脂棉。棉塞大小要适中,松紧要适度,以提起棉塞试管不脱落,拔掉棉塞有轻微响声为宜。插入管内部分占棉塞总长的 2/3。也可用市售专用无棉塞子。棉塞塞好后 10 支一捆,绑在一起,在棉塞外加一层牛皮纸或两层报纸。装入灭菌锅时试管要竖放,切勿倾斜。保持压力 101 千帕,温度 121℃,20～30 分后,把培养基取出趁热摆成斜面,试管口一端垫高底部放低,液面冷凝后即成斜面培养基。斜面长度以不超过试管的 1/2 长度为宜。为防止斜面管壁产生大量水珠影响接种和培养。最好在锅内慢慢冷却至 50℃再出锅,或摆好后立即覆盖一层棉花。平板培养基是在无菌条件下,将经灭菌的三角瓶或试管中的培养基按 10～20 毫升的量倒入无菌培养器中,凝固后即成平板培养基。

在配制培养基时要注意:严格控制各组分的量及酸碱度;正确操作,安全使用灭菌锅;制作斜面时要轻拿轻放,谨慎小心,注意安全;分装后,试管口切忌不能残留培养基。

2.母种分离　要想获得纯菌种,可以通过组织分离和孢子分离的方法进行。孢子分离有利于选出优良菌种,但操作复杂,工作量大,一般生产不宜选用,组织分离简便易行,较为实用。要想获得优良的纯菌种,必须选择优质种菇进行纯种分离培养。

(1)组织分离法　组织分离属于无性繁殖,是体细胞的扩大繁殖。组织分离法是采用姬松茸子实体的某一部分的组织块,在适宜的培养基上培养出纯菌丝体。这种方法应用广泛,简便快速,它的遗传基因特性等不会改变,一般仍能继续保持优良品种的特性。姬松茸组织分离包括种菇的选择、组织块分离、菌种纯化和出菇鉴定。

1)种菇的选择　种菇要选择菇形圆整、色白、生长健壮、直立的单生菇、无病害的幼菇作为分离的材料。种菇最好要从小开始选,姬松茸子实体直径长到 2～3 厘米时,就初步选定种菇,一般初选种菇 20 个左右进行观察,种菇直径在 5 厘米以上,菌膜尚未破裂,姬松茸有六七成熟度就可进行分离。凡老熟菇、雨后菇、病虫菇不宜采用。

2)组织块分离　菌种分离应在接种箱内酒精灯上方无菌区内进行无菌操作。首先用 75% 的酒精棉球擦抹子实体表面进行消毒,将菇体用灭菌的解剖刀或刀片将菌柄纵切入 1 厘米左右,双手从菌柄处将子实体掰成两半,留下左手一半子实体,右手持接种刀或接种钩,灼烧并冷却后,在菌柄与盖的交界处,将菇体组织割成绿豆大的小块后,迅速移接至试管斜面中心,见图37。置于25℃左右下培养,让组织块萌发出菌丝。

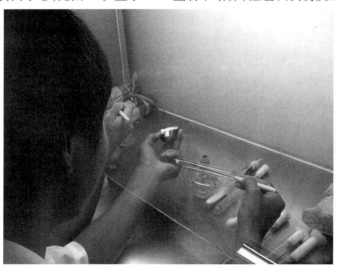

图37 组织分离

3)菌种纯化 当组织块上长出菌丝并生长到约2厘米长时,选择菌丝粗壮、整齐、无杂菌感染的试管,切取尖端菌丝转接至另一支试管培养基上进行培养。若有细菌等杂菌污染,应进一步分离纯化,以获得纯培养菌丝体。

经纯化的菌种,要转接扩大至数支菌种,以便将一部分保藏起来,另一部分用作出菇鉴定。转接时,要标明各分离时间和原始菌种的名称。

4)出菇鉴定 将分离的菌种,与发出菌株或国内推广应用的菌种,在同等条件下栽培做出菇试验。一般每个菌种的栽培数量不得少于3米^2。观察菌丝生长速度、出菇产量和出菇质量、转潮特点以及抗病性能等方面综合比较,确认其是优良品种后,才扩大繁殖,用于大面积生产。

新分离出来的菌种为原种,应采取长期保藏的方法,将它妥善保存起来。使用时,从中选出1~2支进行多次转接培养,扩大繁殖为生产用菌种。

(2)孢子分离法 多孢分离是利用子实体上释放出来的担孢子作为种源,将许多孢子混合接种在同一培养基上,并在适宜的条件下,孢子萌发长出菌丝,许多菌丝生长混合接触后,相邻的两条可亲和的菌丝发生融合,并形成双核菌丝体而结实,即能生长出子实体,才能作为菌种使用。但需经过出菇鉴定,才能用作生产用种。其多孢分离的方法为:

1)种菇的选择和消毒 选取健壮、无杂、个体典型、八成熟的子实体,切去带泥的菌柄,在0.1%高锰酸钾溶液中浸几分,然后将种菇放入接种箱,用0.1%升汞溶液浸30秒,并上下翻动,使整个菇的表面都浸到药液,而后用无菌水冲洗,以灭菌的纱布吸干,即可准备收集孢子。

2)孢子的采集 孢子采集的方法很多,这里介绍两种有效、简便的方法。

A.三角瓶悬钩法采收孢子 在三角瓶内分装入约1厘米厚的PDA培养基,加棉塞灭菌,冷却成平板。用铁丝弯制成两头有钩,灼烧后将消毒好的带菌褶的种菇块(约1厘米^2),悬挂在钩上,另一端挂在瓶口上,塞好棉塞,见图38。置于25℃下培养1~2天,

当底部出现一层褐色粉末状物,即孢子印后,除去种菇块,塞好棉塞。

棉花塞
铁钩
小块种菇
弹射的孢子
培养基

B. 试管贴附法采收孢子　用接种针或接种刀挑取一小片菌盖,贴在试管斜面正上方的管壁上,注意子实层(菌褶)一面朝斜面,塞好棉塞。放入25℃温箱中培养,孢子下落在斜面上,除去菌块,塞好棉塞,进行培养。

图38　孢子的采集

3)分离纯化　经培养7天可见到萌发成芒状的菌丝,直到菌丝大量出现,待菌丝长到2厘米长时,选择生长旺盛、浓密粗壮、无杂的菌丝转接到新斜面上培养,确认无杂菌时,将其一部分菌种保藏于冰箱内,另一部分可做出菇鉴定。

(3)母种转接与培养　把菌丝生长健壮、旺盛、无杂菌感染的母种及制备好的琼脂培养基试管,放入超净工作台或接种箱内,打开紫外线灯或用烟雾消毒剂消毒25～30分,关闭紫外线灯,打开日光灯,进行转接操作。先将酒精灯点燃,工作人员的双手、接种刀、接种锄、接种铲均用75%酒精棉球反复擦拭后,再将接种工具用酒精灯火焰反复灼烧灭菌,待其冷却后,拿起母种,拔掉棉塞,用接种刀、接种锄将母种斜面纵、横切成3毫米见方的小块,用接种铲铲取一小块母种,迅速接入新的培养基试管内,如图39所示。

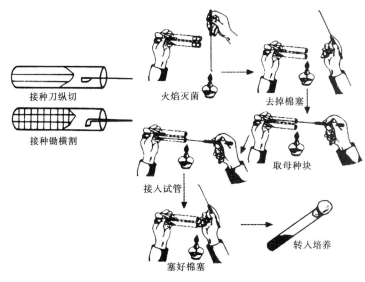

接种刀纵切
接种锄横割
火焰灭菌
去掉棉塞
取母种块
接入试管
塞好棉塞
转入培养

图39　母种转接过程

(四)原种和栽培种的制作

原种和栽培种的生产制作工艺基本相同,二者不同的地方就是接入的菌种不同,所以在这里一并叙述。制原种是用母种来接种,制栽培种是用原种来接种。其生产工艺为:配料→分装→灭菌→接种→培养→检查→成品。

(1)培养基的配制　姬松茸原种和栽培种培养基主要是谷粒培养基和发酵料培养基。

1)谷粒培养基的制作　其配方为小麦粒98%,石膏2%;或小麦粒88%,碳酸钙

2%,木屑10%;或玉米粒98%,石膏2%。

配制方法:先将谷粒拣净杂物,用清水淘洗干净。麦粒的处理方法有两种,一种是用2%的石灰水浸泡8~10小时,捞出沥干水分后,再拌入石膏粉或碳酸钙。

另一种方法是将麦粒放入水中煮沸20分左右,煮至麦粒熟而不烂、无白心、无破粒,捞出沥去多余水分,摊放在干净水泥地面或塑料薄膜上,稍晾去麦粒表面水分,将碳酸钙或石膏拌入装瓶或装袋。如在麦粒中拌入10%木屑或棉子壳,可以防止麦粒结成团及延缓菌种老化。玉米粒用水浸泡24小时后,再煮沸1小时左右,即煮至熟而无白心,又没有破裂时,捞出沥干水分,晾去谷粒表面水分,拌入石膏粉或碳酸钙,即可装瓶。

2)发酵料培养基的制作

A. 棉子壳发酵料培养基配方　棉子壳85%,麸皮10%,石膏1%,石灰4%。

配制方法:将石灰溶解于水,加入棉子壳料中拌匀,至含水量为65%,再堆积成长馒头形,覆盖塑料薄膜进行发酵。堆积发酵15~20天。在发酵期间,依次按6天、5天和4天的间隔,进行翻堆。发酵结束后,将培养料晒干备用。使用时,在其中加入麸皮和石膏粉,拌匀后装瓶。

B. 粪草发酵培养基配方　稻草(麦秸)45%,牛粪43%,麸皮5%,玉米粉5%,石灰1%,石膏1%。含水量65%。

配制方法:原料要求新鲜、干燥、无霉变。先将稻草或麦秸用1%石灰水浸泡1天软化后捞出,沥去多余的水分,再按粪草分层堆放发酵15~20天,其腐熟度比栽培发酵料稍生些,翻堆次数比栽培少1~2次。发酵好后将料晒干备用。制种时将备好的干料切成2~3厘米长的段,加入麸皮、玉米粉和石膏,用清水拌湿,调pH至7.2~7.5,即可装瓶或装袋。

该粪草培养基也可不进行发酵,将稻草、麦秸铡断成小节或粉碎成粉末,用石灰水软化后,加入粉碎的牛粪等其他原料,再加水拌匀,直接装瓶。

C. 稻草(麦草)麸皮发酵培养基配方　发酵稻草或麦秸75%,麸皮10%,菜子饼粉10%,石膏1%,尿素0.5%,石灰3.5%。含水量65%。

配制方法:将稻草或麦秸加尿素和石灰水拌匀至水量达65%,然后堆积发酵15天左右。料堆宽1.2~1.5米,高1.5米,长度因料量而定。要堆成长馒头形,在堆上打通气孔,最后盖塑料薄膜。中间要翻堆2~3次,翻堆在第六天开始,间隔4~5天进行1次。发酵结束后,直接加入麸皮和石膏,混合拌匀后装瓶或晒干后贮存。使用再加入其他原料,先将干料拌匀后,再加水拌匀,用手捏料时无水滴出,但又有水迹可见,此时培养料的含水量为65%左右。

D. 小麦牛粪发酵培养基配方　小麦80%,牛粪20%。

配制方法:先将小麦用水浸泡10小时后,捞出沥干水分,再拌入粉碎成粉末的牛粪。牛粪要先预湿,再拌入。

(2)装瓶或装袋　培养料配制好后,要及时装入菌种瓶或塑料袋中。原种一般多用瓶装,栽培种可用瓶或袋装。

1)谷粒种瓶装　菌种瓶可选用750毫升标准菌种瓶,最好选用白色或浅绿色的玻璃瓶,透明度好,便于检查菌丝发育情况及污染情况。瓶装可选用500毫升盐水瓶。将料装至瓶肩以下。装料后用纱布擦去瓶口上黏附的余料,然后封口。封口采用棉塞塞口,外包报纸或牛皮纸。

2)袋装 常选用扁宽15厘米、长25厘米、厚0.05～0.06厘米的塑料袋,每袋装料400～500克。也有选用扁宽12厘米、长22厘米、厚0.05～0.06厘米或扁宽17厘米、长33厘米、厚0.06厘米的塑料袋。装料要求松紧适度,四周紧中间松,装料后用圆捣木在料中央打一深及培养料4/5的洞。装料也可用装袋机进行。装袋后擦去袋口残留的料渣,然后套入颈环,加棉塞、报纸封口,见图40。

图40 封口

(3)灭菌 培养料分装后要马上灭菌,不可隔夜。灭菌可采用高压锅高压灭菌或土蒸灶常压灭菌。高压蒸汽灭菌通常在高压灭菌锅内进行。排完冷空气后,当蒸汽压力达到154千帕(1.5个大气压),温度125℃时,调节热源,维持1～2小时。打开锅盖,取出物品。常压蒸汽灭菌在土蒸汽锅或普通蒸笼内进行。温度100℃,保持12～13小时。常压灭菌维持时间较长,灭菌过程中pH会有所下降,因此,灭菌前培养料的pH要适当提高一些。但谷粒培养基最好不要采用土蒸灶灭菌,以防出现灭菌不彻底。

(五)原种和栽培种的接种

灭菌后,要在洁净的场所冷却。当料温降至30℃以下时即可接种。接种的方法很多,但基本的原则是相同的,必须无菌操作。

接种一般在接种箱内进行。接种前,要认真检查菌种质量,要求菌种适龄,不老化,菌种纯正,不污染。接种时菌龄适宜,接种后萌发快,长势旺,抗性强,不易污染。如果使用老化菌种,会出现菌丝长势不壮,表面有黄水、湿斑、培养基干缩等现象。如果菌种不纯正,使用了污染菌种,转接的原种和栽培种将全部出现污染。在接种时,检查菌种是否污染要通过"三看":一看培养基表面有无异色(如红、绿、黄、青等颜色)和异物;二看棉塞有无霉菌;三是对着光看培养基底部边缘有无明显的斑点,同时做好接种时的消毒工作。

1. 原种接种　接种箱要做好消毒工作,然后开始进行接种操作。首先,将接种钩用75%的酒精棉球擦洗消毒,然后再放在酒精灯火焰上灼烧,冷却后用于钩取菌种。将料瓶放在木制的接种架上,瓶口朝向酒精灯火焰旁;取母种试管,拔棉塞,烧管口,烧接种钩,冷却接种钩,将母种分割成4~6块,用接种钩将菌种块快速钩入瓶内,稍压一下,让菌种与料接触好后,封盖好瓶口,见图41。一般1支母种可转接4~6瓶原种。接种后,料瓶做好包扎。

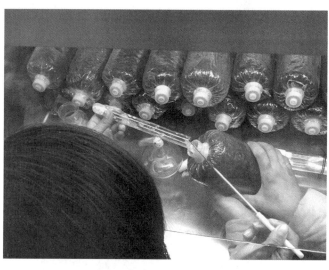

图41　母种转接原种

2. 栽培种接种　将灭菌的料袋或料瓶冷却后,移入接种箱或接种室内。接种时,对接种箱和原种瓶先进行消毒处理,然后进行接种操作,把挑选好的原种瓶拔去棉塞,用火焰封锁瓶口,固定在瓶架上或左手持瓶。单人接种时,用左手执菌种瓶,右手拔去封口材料,用火焰灼烧瓶口,用已经灼烧过的接种铲,去除原种瓶内的表层菌、老接种块等,然后用接种勺挖取菌种,放入料瓶或料袋内,见图42。一般1瓶原种接种40~50瓶

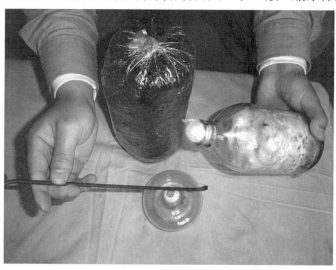

图42　原种转接栽培种

栽培种或20袋栽培种。若是两人接种,一人负责执原种瓶,夹取菌种接种,另一人负责打开料瓶或料袋的封口。接种后,火焰烧瓶口,塞上棉塞或塑料膜扎口。接种后轻摇料瓶或料袋,使菌种分散在培养基表面。

(六)菌种的培养

接种后,送入培养室培养。起初最好竖立放置,菌丝定植萌发后,改为横卧放置。而菌种培养的要点为:

1. 培养室要求洁净　培养室使用前应打扫洗刷,消毒培养期间每10天左右需用来苏儿等药品消毒1次或用活动紫外线灯进行空气消毒。培养架及地面需常擦抹拖洗。

2. 灵活调整温度　在菌种萌发时,菌瓶或菌袋温度可控制为24～28℃,菌种覆面后袋内温度比室温高2～3℃,可将培养温度降低3～5℃,使菌丝生长粗壮。随着菌丝的生长,代谢旺盛,发热量增加,一般每隔5天降低1℃。冬季注意加热保温,夏季应注意散热降温,如瓶袋散开排放,利用排风扇排除热空气,安装空调降温等。

3. 保持适宜湿度　培养室空气相对湿度应保持在70%以下,夏季空气湿度高时,可采用电炉加热驱湿、地面撒石灰等方法降低湿度。如气候长期干燥,应注意喷雾保湿。

4. 注意通风换气　培养室内放置种袋量大,菌种瓶多,或火炉加热,使室内氧气减少,二氧化碳增多,应经常通风换气,保持空气新鲜。

5. 保持室内暗光　光线对菌丝生长有抑制和加速老化、形成菌被的作用。因此,培养室应保持暗光,特别不能有直射光线。

6. 经常检查菌种生长情况　开始培养时应每天检查,菌丝封面后7天检查一次,如有污染及时挑出。当菌丝发满菌袋(瓶)后5～10天,菌丝生活力旺盛,应及时使用。若不能及时使用,应放在低温暗光下保存。菌种严重老化的不能用于生产。

装瓶时,培养料要松紧适度,不要装得过实或过松。过实会造成通气不良,菌丝生长慢;过松则菌丝生长较快,但长势弱,无劲,稀疏。培养料装至瓶肩为好。

(七)菌种的保藏

一个优良的姬松茸菌种,必须保持其优良性状不衰退,不污染杂菌,不死亡,才不致降低生产性能。因此,保藏好菌种,对研究和生产都具有十分重要的意义。

菌种保藏的基本手段是采用干燥、低温、真空等方法降低其代谢强度,使之处于休眠状态。

1. 母种的保藏　母种由于量少,一般多保藏于冰箱内,因处理方法各异,分以下几种:

（1）斜面低温保藏法　把培养好的斜面菌种从试管口将棉塞剪平，用固体石蜡密封管口，包上牛皮纸，再装入塑料袋，以防潮湿，置于 4~5℃ 下保藏。以后每 3~5 个月转管一次。姬松茸种在 10℃ 以下容易死亡，因此需要在 10~13℃ 的环境下保藏。在无冰箱的条件下，可将菌种密封后埋藏于固体尿素或硝酸铵中，也可把菌种放入密闭的广口瓶或塑料袋中，悬入井底保藏。此法可保藏 1~2 个月。

（2）麦粒保藏法　麦粒是制作食用菌原种的良好材料，也适用于保藏菌种，制法参照原种培养基，见图 43。

2. 原种和栽培种的保藏　培养好的原种和栽培种如不能马上使用或使用不完，在有条件的单位可保藏在冰箱内，但也可以保藏于阴凉、干燥、无菌的菌种室内，室温 10~20℃，如温度低，保藏时间可长些；温度高，保藏时间应短些。总之，保藏室的温度不应超过 20℃，但不能低于 0℃。另外，菌种一般应在无光条件下保藏。

图 43　菌种保藏

姬松茸种植能手谈经

六、栽培原料的选择与配制

根据资源条件选择培养料,并做到科学配制,是姬松茸生产者能否赚钱的重要条件之一。

（一）原料选择

姬松茸栽培的主要原料是作物秸秆、畜禽粪等。而且还需要一些辅料，包括麸皮、玉米粉、米糠、饼肥、化学肥料等。将多种原料按照姬松茸的营养生理特性，按一定比例配制成栽培的培养料。掌握各种原料的营养和物理特性，是科学配制培养料，获得高产、优质姬松茸的关键。

（二）培养料配方

姬松茸菌丝分解和吸收利用纤维素能力很强，常用农作物秸秆和牲畜粪便配料栽培姬松茸。下面把我从事姬松茸栽培几年来选出来的四个高产配方介绍给大家。

（1）配方1　麦秸60%，稻草20%，干牛粪15%，麸皮3%，石膏粉1%，过磷酸钙1%。

（2）配方2　麦秸70%，棉子壳12.5%，干牛粪15%，石膏粉1%，过磷酸钙1%，尿素0.5%。

（3）配方3　玉米秆36%，棉子壳36%，麦秸11.5%，干鸡粪15%，碳酸钙1%，尿素0.5%。

（4）配方4　稻草73%，麸皮（米糠）10%，菜子饼粉10%，尿素1%，过磷酸钙1%，石膏2%，石灰3%。

诚告大家

姬松茸栽培原料的选择与配制包括主要原料、辅助原料、配方、配制四个方面。姬松茸栽培原料之间的理化性质、营养特性有着较大的差异。在选择配制培养料时，能否做到选料精良，配制合理，对姬松茸栽培的成败、产量的高低、质量的优劣起着至关重要的作用。因此，对长期生产应用的配方，切不可任意改动或因某种原料价格的偏高而任意替换，以免因不了解替换材料的物理、化学性质而造成损失。

案例：2006年8月下旬，河南省周口市淮阳县白楼乡的一户菇农，在生产姬松茸的过程中由于牛粪价格偏高且货源紧张，就将牛粪的用量由50%减少到25%，然后加入5%的尿素补充氮源，结果造成培养料接种后发菌缓慢，到了中后期虽然有所好转，但发好的菌床菌丝弱，迟迟不出菇，后来也就疏于管理了，直到翌年5月初，仅有零星几袋出菇。据知情人士透露，这一批姬松茸的直接经济损失就达10万余元。

（三）培养料的堆制与发酵

1. 培养料的第一次发酵

（1）建堆场所的选择　建堆场所应选择地势平坦、干燥、近水源的地方，同时应距离栽培场所较近，以便于运输和播种。场所选择好以后，预先在场所较低处挖一个长约2米、宽约1米、深0.8米左右的蓄水池，池底和四周垫双层塑料薄膜以防漏水。蓄水池的作用主要是收集堆料过程中从料堆流出的营养水，以便在下次翻堆时作为补充料堆水分之用。

（2）粪草的处理及预湿　用于栽培姬松茸的粪肥应预先晒干、粉碎，并将其中的石块、瓦砾、竹木片等拣出，然后用清水或人粪尿均匀浇泼于粪肥中，使含水量达 60% 左右，堆闷预湿 24 小时，待建堆时加入。稻草浸泡 2~3 小时，捞起后堆闷 24 小时，或用清水直接浇于稻草上预湿 24 小时。也可以将稻草切成 20~30 厘米长的小段，可使草料发酵更均匀。如果用麦秸，则应先将麦秸碾破，使其变软，放入 0.5% 的石灰水浸泡，或直接喷洒 0.5% 的石灰水使麦秸含水量达 65%，预湿 24 小时。如果添加菜子饼粉等肥料，应使用新鲜的，以免携带病虫杂菌影响堆料质量和今后的正常发菌。饼肥预湿方法同粪肥。

（3）建堆　堆料宜南北走向，以防光照不匀导致温差过大。料堆一般宽 2 米左右，高 1.5~2 米，长度依场地和料堆数量而定。建堆时先铺一层厚约 20 厘米、宽约 2 米的草料，踏实后再加入一层预湿好的粪肥或饼肥，厚度一般以 2 厘米左右为宜，具体依粪肥或饼肥的数量而定，但应注意防止厚薄不匀或下层很厚而上层很薄，甚至上层无粪肥的现象，见图 44。尿素、磷肥等化肥应先搅拌匀，加在中间几层料中，四周及顶层不宜加入，以防挥发浪费。水分应浇重、浇充足，但也不宜过多，以掌握草料含水量 65% 左右为宜。按一层草料一层粪肥堆叠上去，共堆叠 7 层，每层厚度 20~25 厘米，最上一层盖上较厚的粪肥。注意每层堆料外周做边应整齐，避免参差不齐而塌堆。料堆建成后四周应堆成墙状，堆四周挖排水沟直通蓄水池。最后在堆顶覆盖草帘或覆盖散草，以防太阳照射而导致水分蒸发。建堆发酵过程中如遇下雨天气应用薄膜覆盖以防雨淋，雨停后随即撤去，防止闷料。如料堆上搭建弓形塑料膜，则既可防雨又能透气。

图 44　建堆发酵

（4）翻堆　翻堆的目的是通过对粪草的多次翻动，将外层与内层和底层的料互换位置，以促使料堆发酵均匀，使微生物的分解活动进行得更为彻底，同时通过翻堆可排除堆内的二氧化碳，增加氧气，还可以调节水分，使含水量均匀一致，从而改善料堆内发酵条件，因此翻堆是一项非常重要的工作，见图 45。

翻堆　　　　　　　　测量宽度　　　　　　　检查含水量

检查发酵程度　　　　　闻闻气味　　　　　　　测量pH

图45　翻堆

翻堆的次数因料堆的发酵方式而有所不同,如果利用一次发酵料直接铺料栽培,发酵时间应稍长些,约28天,期间需翻堆5~6次,翻堆的间隔天数依次为7天、6天、5天、4天、3天。如一次发酵后需进行二次发酵的,则第一次发酵的时间应短一些,以12~14天为宜,翻堆2~3次即可,间隔天数依次为4天、3天、2天。其中粪草料应比合成料堆制发酵的时间短一些,翻堆工序也可减少1~2天。

1)第一次翻堆　第一次翻堆是在建堆后的6~7天进行,此时料温可上升到75~80℃,当料温开始下降时即建堆后的6~7天应及时翻堆。翻堆时应先将料抖散,将底层和外层培养料作为新建堆的中层,将中层料作为新建堆的外层和底层。翻堆过程中应注意将料充分抖松、抖散,若料中水分不足应及时补足水分,若水分过多则要适当晾晒,待多余水分蒸发后再堆料,或加入干料搅和入堆。注意所建的料堆形状应与原堆形状一致。翻堆完毕,和第一次一样盖上草帘或散草保温保湿,以利发酵。要注意雨天及时覆薄膜,防止雨水渗入料内导致培养料含水量过多,雨停后及时揭去薄膜,以防料堆通气不良和料温过高。翻堆后2~3天,料温就可上升至70~80℃,当料温不再上升并开始下降,即在翻堆后第六天左右进行第二次翻堆,如进行第二次发酵则应在建堆后第四天开始第一次翻堆。

2)第二次翻堆　于第一次翻堆后的第六天左右进行,翻堆方式基本与第一次相同,如进行第二次发酵则应在第一次翻堆后的第三天,进行第二次翻堆。因原料经过第一次发酵已软化,料堆体积已缩小,故再次建堆体积也应适当缩小,一般而言,宽度应比上一次的缩小30~35厘米,高度可适当降低。建堆后,盖上草帘或一薄层散草保温保湿。若需进行二次发酵处理,应在此次建堆后3天进行第三次翻堆,反之,一般情况下于建堆后的第五天进行下一次翻堆。以后顺次进行。

发酵完毕检查发酵程度,内容主要包括:

☞有无氨味和臭味,若有氨味,可喷洒1%福尔马林溶液或1%过磷酸钙消除氨味。

☞检查水分,用手捏料,指缝间有水印但是无水滴形成视为含水量适中。若有水滴形成说明含水量过高,应采取措施降低含水量,反之,如含水量偏低,则可加入1%石灰水调节。

☞检查料中秸秆腐熟程度,以秸秆发酵后变为棕褐色或酱褐色、秸秆一拉即断并有弹性为宜。

☞检查酸碱度,用pH试纸检测,以pH7~8为宜。若pH偏低,应加入石灰水或石灰粉调节。

☞检查虫害情况,若料中有螨虫等害虫出现,应及时喷洒克螨特、噻螨酮等农药防控,喷洒时注意边翻料边喷药,翻完后四周和顶部覆盖塑料膜密闭2~3天,可杀死害虫。

姬松茸培养料堆积发酵的时间不宜过长,也不宜过短,以恰到好处为宜。若堆积发酵时间过长,则会消耗过多养分而影响姬松茸产量;若发酵时间过短,则料中杂菌未完全杀灭,培养料腐熟程度也不一致,易导致"夹生料",栽培时往往会长出鬼伞等杂菌,严重影响姬松茸菌丝的正常生长,造成产量降低。当发酵达成标准时,应立即停止发酵,不能及时栽培播种的,应将料摊开降温,以抑制微生物生长繁殖,使发酵不再进行。

2.培养料的二次发酵　培养料二次发酵又称后发酵。二次发酵改变了传统一次发酵时间长、培养料发酵不均匀、氮素损失大、堆肥易变质,以及发酵过程无法控制,导致发酵程度不够或过度等弊端,从而为姬松茸高产创造了条件。二次发酵是目前国内外普遍推广应用的一种科学的发酵方法。

(1)栽培菇房的建造　对二次发酵栽培菇房的建造总的要求是密封性能良好,能通风换气,符合姬松茸生长发育所需的环境要求。菇房设施最好用钢材和发泡塑料板制作,也可用竹竿和塑料薄膜制作。前者坚固耐用,后者则便于搭建和拆迁。菇房使用1~2年后要拆迁至另外一个地方重新搭建,可避免因菇房连续使用多年,造成病虫害加重而导致产量降低的现象。

(2)发酵方法　二次发酵培养料在第一次发酵时应比一次发酵培养料所发酵的时间要短,一般为12~14天,期间翻堆3次,间隔天数分别为4天、3天和2天。用于二次发酵的菇房应密闭性能良好,但又能通风换气。二次发酵的方法是,将前期发酵料(一次发酵料)趁热铺于室内床架上,注意铺料时只能将料铺在床架的上层和中层(因为菇

房密闭,空气不能对流,上层温度比下层温度高)。铺料完后立即关闭门窗和通风口,第二天加温,如遇气温低、料温难以升高时应立即加温。

二次发酵加温可用如下 3 种方法:

1)干热加温法　在室外做一个火炉,其通道进入菇房后,分成两道,于另一端靠墙处又汇合为一道,并穿墙伸至墙外,利用烟道散热来提高室内温度。该方法菇房内的温度可达到 62℃,但是该方法易使培养料的含水量下降,因此进料前应适当调高培养料的含水量,使其达到 70% ~ 75%。

2)湿热加温法　在菇房外用锅炉产生蒸汽,再将蒸汽用管道运入菇房内加温。没有锅炉也可用一个汽油桶当作蒸汽发生器,先在汽油桶上安装好排水管和放汽管,再将汽油桶横放在火炉上,最后放入水,加热至水烧开,使其产生大量蒸汽并将蒸汽送入室内。用于送汽的塑料管可在室内绕成环状,并每隔一定距离在塑料管上开一个排气孔,以使蒸汽在室内各个部位分布均匀,使升温达到一致。另外,也可在室内砌一个灶,灶开口设在室外,灶上放一口大铁锅,锅内装水,再在室外加燃料烧火升温。当锅内水烧开后,即产生大量蒸汽,室内温度可升高,但此法效果不如干热加温法效果好。

3)增温剂发酵加温　增温剂为一种生物发酵剂,既可作为一次发酵料增温,也可用于二次发酵料增温。用此法增温,除低温季节外,不需人工另作增温,既节约资源又可省工,还能增产。其操作要点是:先将畜禽粪、饼肥及石膏、磷肥等辅料与增温剂拌成含水量约 60% 的混合料,堆成小堆,并用塑料膜盖好,闷堆发酵 8 ~ 12 小时即成曲料。增温剂用量为每 111 米² 栽培面积的培养料用增温剂 1 千克左右。当曲料制好后,则将曲料均匀拌入准备二次发酵的草料中。在增温剂的作用下,料温即自动上升,2 ~ 3 天后方可达 65℃,室温也可达 60℃ 左右,持续 1 ~ 2 天后可自然回落。此时应注意控制温度。

二次发酵的温度控制可分为三个阶段。第一阶段为升温期,也称为巴氏灭菌期。一般从 45℃ 开始升温至 60 ~ 62℃ 时进入巴氏灭菌。此时应根据料的腐熟程度决定巴氏灭菌的时间。若料偏生,可在 60 ~ 62℃ 保持 6 ~ 8 小时,若料偏熟,则只需在 60 ~ 62℃ 条件下保持 2 ~ 4 小时,并注意定期通风换气,早、晚各开门通风一次,每次通风 5 分,其作用是利用高温杀死培养料中的杂菌、虫卵和幼虫等。第二阶段为保温阶段,又称控温发酵期。升温期结束后,应及时缓慢打开通风口降温,当温度降至 48 ~ 52℃ 时,即停止降温,然后在此温度下维持 4 ~ 6 天。若料偏熟时则需维持 2 ~ 4 天,此阶段作用主要是制造喜热细菌、放线菌和霉菌生长繁殖的条件,使其大量生长繁殖。第三阶段为降温期。发酵结束后要逐步降温,当温度降至 45℃,要及时打开顶部的通风口,让上层料的温度尽快降下来,然后打开中间通风口,使温度进一步下降,期间应注意降温缓慢进行。当料温降至 30℃ 以下时,有益微生物停止生长,此时可分床匀料,铺料均匀即可播种。

(3)二次发酵后的培养料标准　二次发酵后的培养料标准为棕褐色,富有弹性。有大量喜热菌的白色菌落布满料面。培养料无氨味和异味,有特殊香味,pH 7.8 ~ 8.0,含水量为 6.5% 左右。

诚告大家

由于二次发酵微生物活动旺盛,消耗氧气较多,很容易造成室内缺氧,因此人员不应随意进入菇房,以免造成缺氧中毒事故。此时可用长2米、直径2.5厘米的竹竿,将前端一节挖成槽,装酒精温度计,由室外插入室内料中心进行测温,操作时最好2人同时进行。

中篇 能手谈经

七、姬松茸高效栽培技术

　　栽培姬松茸要想获得高产高效,在具备优良品种、优质培养料的同时,搞好菌丝培养、覆土、出菇管理、采收包装等,是姬松茸生产能够赚钱的保障。

通过二次发酵,获得优质培养料以后,就可以铺料播种了。

(一)铺料播种

先将发酵好的培养料散堆并抖松,再均匀铺于室内外床架或畦床上,铺料厚度约为20厘米,见图46。当料温降至30℃以下时,即可播种。播种时应选择菌丝生长旺盛、洁白、粗壮、菌龄适宜的菌种,凡有杂菌污染或有虫害的菌种应予以淘汰。播种方法根据菌种基质不同分为穴播和撒播两种。

图46　上料

1. **穴播**　如用粪草培养料生产的菌种,应以穴播为主,不宜用撒播的方法,因撒播会将菌种弄碎而导致菌丝难以萌发吃料。穴播的方法是:先在料面上挖穴,穴深约为料层厚度的1/2,再将菌种分成鸡蛋大小的菌种块,注意不要将菌种分得过小,否则菌种不易萌发吃料。分块完毕,将菌种放入穴内,保持穴与穴之间相距10厘米左右,并呈梅花形分布,见图47。穴播完成后,应留下1/3用量的菌种撒播于料面,同样也不能将撒播的菌种块分得太小,也不宜过大,以防播后不久从菌种块上长出子实体。菌种块直径以1.5～2厘米为宜。播种完毕,用木板或手掌将料面压平,再在料面上盖上一层经石灰水消毒过的湿报纸或塑料薄膜保温保湿。

图47　穴播

2. **撒播**　如果是麦粒或谷粒制作的菌种,则应以撒播为主,因为这类菌种呈颗粒状,播后麦粒或谷粒上会长出菌丝,均能吃料生长。撒播的方法是:先在床架上铺一层料,料厚6~7厘米,然后将菌种均匀撒播于料面上,见图48;再铺一层料,播一层菌种;共计三层料,三层菌种。其中表面一层菌种应略多一些,以利菌丝尽快封面。播种完毕,用木板将料面稍微拍平压实,将菌种充分与培养料接触。

图48 撒播

播种完毕,同样在料面上盖上一层经石灰水消毒过的湿报纸或塑料薄膜保温保湿,见图49。采用撒播的方式,由于菌种在料面上分散范围大,生长均匀,故菌种萌发吃料、生长和封面均较快。

图49 覆盖

铺料播种前,关紧菇房门窗,每立方米用福尔马林10毫升、高锰酸钾5克熏蒸1天,然后通气后进料上床。播种时,菌种用量一般为每平方米用发酵料菌种2~3袋(20厘米×33厘米塑料菌种袋)或麦粒料菌种1.5~2瓶(750毫升菌种瓶)。播种完毕后,及时在料面上盖上塑料薄膜或报纸,以利保温保湿,促进菌种顺利萌发。一般4~5天不要掀动塑料薄膜,6~7天后,每天可揭开薄膜通风换气一次,注意保持棚内温度在25℃左右,防止出现高温。

(二)发菌与覆土

播种后,将菌种与料层适当压实,并覆盖薄膜保温、增温,3~5天后揭开薄膜通风换气。若阳光强烈,要遮阳降温。8~12天后菌丝即布满料面,见图50、图51,待吃料达3厘米深时,便可开始覆土。覆土能为姬松茸提供温差、湿差、营养差等方面的刺激,改变培养料表层二氧化碳和氧气比例,增加有益微生物,刺激其营养菌丝扭结和子实体的形成。

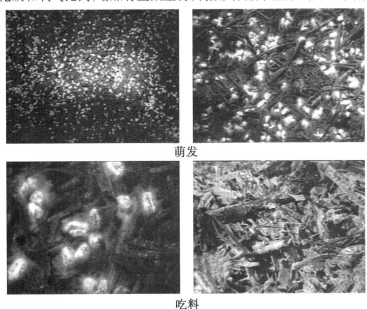

萌发

吃料

图50 发菌

1. 覆土作用　姬松茸子实体的形成离不开土壤,覆土是子实体栽培过程中不可缺少的重要环节。覆土的作用主要表现在以下几个方面:①利用土壤中微生物所产生的代谢物促进姬松茸由营养生长转入生殖生长,并诱导子实体的形成;②土壤中含有水分,覆土层起到了贮水器的作用,因此对培养料能保持相对稳定的湿度,从而减少培养料水分的散失,有利于姬松茸菌丝的生长;③能改善培养料中二氧化碳和氧气的比例,

图51 发菌完成

覆土后,料面上的二氧化碳浓度增高,可促进菌丝向上生长,而土层中二氧化碳浓度较低,有利于子实体的形成;④覆土层能增加机械刺激并对子实体起一定的支撑作用。

2. 覆土时间 覆土的时间有两种,可根据具体情况选用。一种是播种结束后立即覆土,此时盖土可防止水分的流失和提早出菇。前提要求是菌种和培养料质量都要好,否则,若菌种生命力不强或培养料质量差,菌种复活后生长不良或不生长,则不便及时采取补救措施。另外,培养料湿度偏低或环境较干燥时,也可提前覆土。另一种是在菌丝萌发吃料、并在料中生长展开后进行,一般为播种后的 8 ~ 12 天,此时覆土可促进姬松茸菌丝生长,防治因菌种或培养料质量不好而出现的菌丝生长差的现象,即使出现也可补救。

3. 覆土方法 覆土的方法也有两种。一种是平铺覆盖,具体做法是先在料面上覆盖粗土粒,再在上面覆盖细土粒,或两者混合在一起覆盖,土层厚 3 ~ 5 厘米。土粒大小要求适宜直径 1 ~ 2 厘米,土粒过大,子实体难以将土顶开而形成畸形菇,过小会因喷水而造成土壤板结,导致通透性变差。覆土过程中注意随时剔除杂物。另一种覆土方法是将土覆盖成土埂。具体做法是在料面上用土砌成土埂,土埂呈梯形,下宽约 10 厘米,上宽约 6 厘米,埂高约 6 厘米,两土埂之间相距 6 厘米,土埂下层为粗粒土,上层为细粒土。土埂之间覆盖约 1 厘米厚的细粒土。通过这样覆土,可诱导子实体在土埂上生长,增加出菇面积,且料中通透性好,有利于提高产量。

4. 覆土管理 姬松茸菌丝覆土后,管理的重点主要是保持覆土层的湿润状态。一般应 7 ~ 10 天喷水一次,喷水时应注意少喷勤喷。每次喷水量不宜过多,只需保持土层湿润即可,否则易使土壤含水量增加,导致通气不良,影响菌丝生长。但若出现土壤发干变白,也应及时喷水湿润。为了减少土壤中水分的蒸发,应注意关好门窗,以减少通风量,如气候干燥空气湿度低,还可以在土层上覆盖草帘或塑料薄膜保湿,但覆盖薄膜应注意定时通风,以防二氧化碳浓度过高,菌丝大量往土层表面生长而形成一层致密菌丝层。

姬松茸栽培过程覆土措施,见图52。

覆土材料

菇床

覆土、耙平

喷水调湿

图52 覆土

用于覆土的土质以壤土为好,沙土和黏性大的土壤不宜做覆土。沙土含沙量大,通透性也大,因而保水能力差,易使菌料水分散失。黏性大的土壤水分含量过大,通透性差,不适宜菌丝在土层中生长和出菇。但在黏性大的土壤中适当添加谷壳或炭渣之类的物质,可增加其通透性,降低过多的水分含量,在土壤较缺乏的环境中,可考虑采用此种措施覆土。选择覆土时,选择的土质一定要新鲜,含水量少,保水性和通透性良好。覆土选好后,要先将土壤打散成颗粒状,颗粒直径1~2厘米。覆土的含水量要求20%~22%,用手能将土粒捏扁、并搓成圆形,且不粘手为佳。若土壤发白,用手一捏即成粉末,则需加水调湿;反之含水量过高则需晾晒。最后在准备好的土粒中加入1%的新鲜石灰粉并与土粒拌匀,使pH达到7.0~7.5。据报道,采用泥炭土作为姬松茸的覆土材料,可较大幅度提高其产量。

姬松茸播种、覆土后至出菇前的一段时间,温度应保持在22~26℃,如温度过高,菌丝虽然生长快,但长势差,积累养分少,产量会受到影响;但温度也不宜过低,否则将会导致菌丝生长缓慢。如在夏季栽培,则应选择易降温的地方作为栽培场所。

（三）出菇管理

播种后一般经过35～40天,子实体开始长出,即进入出菇管理期,见图53。此时管理的重点主要是调温、控湿、增氧和加强散射光照射。

图53　出菇

1. 调温　姬松茸子实体生长发育的温度范围为16～33℃,最适生长发育温度为18～24℃。因此,应尽量创造条件满足姬松茸子实体生长期对温度的要求。调节温度最主要的是通过调节栽培季节来实现,即利用合适的自然气温来栽培姬松茸。按季节栽培,出菇时间在河南省一般安排在4～6月和9～11月为好。当夏季气温高于33℃时,要加强通风,以利降低温度,满足姬松茸子实体生长的要求。

2. 控湿　控湿主要是通过调节土壤含水量以满足姬松茸子实体生长所需的湿度。只要保持土壤呈湿润状态,就可满足姬松茸生长的需要。当土层表面干燥变白时应及时喷水增湿,每次喷水以刚好使土壤湿润为宜,不宜过多。空气相对湿度以75%～80%为好,也不宜过大,以免造成子实体感病。尤其是原基形成期和菇蕾生长期,更不能喷水过多,否则容易造成原基和菇蕾死亡。喷水的目的主要是增加空气相对湿度,满足子实体生长对湿度的要求,因此喷水时应尽量向空气中和地面喷雾状水,水应装在喷雾器或采用专用设备喷雾,不能采用直接浇水的方法,以避免对菌丝和子实体造成伤害。喷水后应注意打开门窗通风10～20分,使多余的水分自然散发,以防出现高湿的环境。

3. 增氧　姬松茸子实体发育期间需要通风良好,氧气充足,在这种环境条件下长出的子实体健壮、结实。如二氧化碳浓度过高,则会形成畸形菇,还会由于通风不良造成环境湿度偏高。因此,在姬松茸子实体发育期间应注意通风换气,尤其是在喷水时应结合通风换气,以保持室内湿度稳定和空气新鲜。

4. 散射光照射　姬松茸子实体形成期和生长期需要散射光的照射,若环境完全黑暗则不易形成子实体,即使形成也易发育成畸形菇。出菇期间的光照强度以能看清室内的物品为宜,故在出菇期间应敞开窗口,增加散射光的照射。

(四)采收

姬松茸子实体长到5~8厘米,菌膜还未破裂时应及时采收。夏季气温高,姬松茸子实体生长快,高峰时每天早、晚应各采收一次。在气温为20~30℃的条件下,可10~13天生长一潮菇,持续3~4个月,可收5~6潮鲜菇。采收的方法是:用左手食指和中指捺住料面,右手握菌柄向下轻压并轻轻旋转采下,采大留小,见图54。采收时应注意去掉死菇和各种碎菇残片,以防引发病虫害,还应及时削去泥脚,小心放入箩筐等容器中,及时销售或送入加工房进行加工,见图55。采收后的菇脚坑应及时用土填平,然后向覆土层或土埂喷水,诱导下一潮菇形成。

图 54　采收

图 55　加工

姬松茸 种植能手谈经

能手谈经

八、姬松茸生产中的常见问题及有效解决窍门 ┄┄┄┄┄┄◆

作为一种新引进的菇类品种,姬松茸的生物学特性、菌种生产及栽培生理等方面的研究,还只处于初创时期,鲜菇产量低下,广大菇农在栽培中发现不出菇和小菇萎缩、变黄、最后死亡的现象较为普遍,欲解其惑,请看正文。

（一）菌种不萌发或不吃料的原因及对策

1. 菌种不萌发　正常情况下,菌种播后1~2天,菌种块菌丝应开始萌发;若播种2天后菌种块仍不萌发,必须及时查找原因,其原因及对策有以下几点:

（1）料内有氨气放出　由于料内有氨气而抑制菌丝萌发,应及时加强菇房通风,在料内戳洞,促进氨气散发。

（2）料温过高　若料温持续上升,说明培养料发酵不成熟,应立即加强菇房和料内的通风,以散发热量,降低料温。

（3）菌种失去活力　若是由于菌种生活力弱而影响萌发,则应及时补种。

2. 菌种萌发但不吃料　正常情况下,播种后6~7天,菌丝已向培养料中生长,分解利用培养料,叫吃料或定植。如菌丝迟迟不能吃料,就必须查明原因,进行补救措施。不吃料的原因及补救措施有以下几点:

（1）培养料发黏发臭　这主要是堆肥厌氧发酵所致,可拌入石膏粉以缓解培养料的黏臭性状,但效果常不理想,严重者难以补救。

（2）培养料过干或过湿　培养料过干或播种过浅,菌种得不到足够水分。可以覆盖报纸,每天喷水1~2次。若7天菌丝仍未生长,则说明菌种已死,要重新播种;若料内水分太多,培养料过湿缺氧,菌丝无法生长,应戳料通气,并加强菇房通风。

（3）培养料发酵过生或过熟　培养料过生,菌丝不能得到适宜的培养料,影响吃料,可用发酵料浸出液喷施,每10千克发酵腐熟料加热水100千克浸泡,冷却后去渣喷施。培养料发酵过熟,培养料过碎,通气条件不好,也不利菌丝吃料,可加强菇房通风。

（4）培养料过酸或过碱　可喷施石灰水或过磷酸钙水剂调节。

（5）害虫和杂菌的危害　及时做好杀虫灭菌工作。

（二）不出菇现象的原因和对策

1. 栽培季节掌握不好　凡不出菇的菇床,多因播种期过早。低海拔地区或海拔500~800米的山区在3月前播种,气温普遍低于18℃,菌丝在料床上无法定植或生长极为缓慢,加上病虫危害严重,菌丝很快萎蔫。栽培姬松茸,一般以3月中旬至4月(山区在4月中旬至5月初播种)播种为宜。

2. 培养料配制不合理　培养料配方不合理,粪肥或氮肥使用量过大,造成碳氮比失调,菌丝生长过旺,或石灰用量过大,致使pH偏高,导致菌丝较长时间处于生长不良环境下,从而影响出菇。

3. 腐熟发酵过度　室外堆制发酵时,遇到连续阴雨,堆温无法升至65~70℃,加之翻堆不及时等,造成发酵不均匀;或堆料偏湿,后发酵质量不高等,造成菌丝无法定植。正常发酵时间约为20天,共翻堆间隔时间分别为7天、5天、3天、2天、1天,且每次翻堆后,料堆中心温度均要升至65~70℃。如果前期发酵效果不好,应由后期发酵做补救,直至发酵料呈褐色,非棕褐色,手拉草料不易断裂为止。

4. 发菌时管理不好　发菌管理初期,主要应掌握好覆土时间及方法。覆土不能过早,也不宜过迟,一般以播种后2周左右,即菌丝布满培养料层2/3时为最适时间。覆土以新挖出的田土为好,且必须经太阳暴晒,整理成蚕豆大小,并用福尔马林或敌敌畏

喷洒后盖膜,杀灭害虫、虫卵和多种杂菌。发菌管理后期,主要掌握好正确喷洒出菇水。覆土后,菌丝会很快爬上覆土层,为了抑制菌丝过旺生长,应适量控制覆土层喷水量,以干为主,使菌丝在中下层覆土中及培养料表面生长扭结,当菌丝完全布满培养料层,并于覆土表面能见到菌丝时,即可以喷一次重水(现蕾水),每平方米料床喷水量为0.1~0.2千克,喷水后2~3天再喷一次重水(出菇水),使床面均匀湿润。姬松茸出菇时,需水量比蘑菇需水量大。喷水后要及时通风,加速出菇床面空气流动。只喷水不通风,会发生菇蕾萎蔫及菇床菌丝腐烂。因此,出菇时需水量大,应多喷细水,喷微水;后期低温时应缓喷水;菌丝稀疏应喷水,采菇落潮后暂停喷水;高温天气早、晚多喷水;后期追施营养水。在增大喷水后,应及时开门、开窗,加大通风量。

(三)小菇萎缩、变黄、最后死亡的现象的原因和对策

1. **温度过高** 菇棚连续多天30℃以上高温,再加上通风不良,易造成死菇。出菇期要密切注意气温变化,根据气温调控棚温,及时通风换气,严防棚内出现高温。

2. **通风不良** 菇棚内通风不良,氧气不足,二氧化碳浓度过大,易闷死菇蕾;再遇高温,死菇更为严重。结合天气变化,注意通风换气,每天2~3次,气温高时应加强通风。通风时要注意不要大风量直接吹到菇蕾上。

3. **喷水不当** 覆土层没有及时补水(喷出菇水),出菇时喷水温度过低或补水保湿时喷水过量;另外,高温喷水过多、菇棚湿度达95%以上、通气不良等,均易使菇蕾死亡。喷水增湿要坚持少喷、勤喷,防止喷水过多,严防渗入料内。喷水要结合调控温度进行通风换气。

4. **出菇过密** 培养料过薄或偏干、覆土过薄、菌丝长出并覆土后水分管理不到位等,均易造成出菇不正常、菌丝生活力弱、出菇过密。

5. **出菇部位过高** 覆土过少并遇到高温而致使出菇过密,覆土过薄,原基未发育成熟就长出土面,覆土后未及时喷出菇水而致使菌丝向上冒出,结菇部位提高,也可造成部分死菇。覆土后应调控温度,保持土层适宜湿度。

6. **营养失调** 单纯增加氮源或以草料代替粪料,致使碳氮比失去平衡,造成死菇;培养料用量减少,出菇后期营养不足而造成死菇;堆肥过熟或时间过长,致使营养不足,或堆肥时间不足,料温不够,养料没有得到充分分解转化,均可造成营养失调而死菇。要严格按照配方要求制备培养料,保持适宜的碳氮比,按要求堆制、发酵。

7. **菌丝衰老** 母种转管繁殖代数过多,菌种制作温度过高、保存不当或保存时间过长,均可造成菌丝老化,出菇后则易死亡。应选用优良菌种,创造适宜菌丝生长发育的条件,严防高温培养和保存,并及时播种使用。

8. **病虫危害** 病虫危害或用药不当均可造成死菇。出菇期间难免发生一些病虫害,但是,病虫害防治过程中使用农药失误时,也可能导致栽培的失败。在出菇期间,病虫害的防治要尽可能采用生物防治或诱杀的方法,以免造成药物残留,影响商品品质。防治病虫害要坚持预防为主、综合防治的原则,力争早发现、早处治。

9. **机械损伤** 采菇时操作不慎,损伤了周围的幼菇,也是造成死菇的原因之一。采收时应轻旋、轻采,尽量避免损伤周围的幼菇。

总之，菇农应合理安排生产季节，认真选择栽培方式，合理选用优良栽培材料，认真选用优良菌种，细心调控出菇温度，适时催菇现蕾，完善管理，控制病虫害，合理用药，从而取得优质、丰产。

姬松茸 种植能手谈经

下篇

专家点评

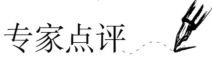

　　种菇能手的实践经验十分丰富，所谈之"经"对指导生产作用明显。但由于其自身所处环境（工作和生活）的特殊性，也存在着一定的片面性。为保障广大读者开卷有益，请看行业专家解读能手所谈之"经"的应用方法和适用范围。

一、关于栽培场地的选择问题 ◆

在姬松茸整个生产管理过程中,栽培场所的选择、生产管理用水和环境空气质量是否达标,会直接影响到姬松茸的生长和产品质量安全。

姬松茸种植能手谈经

自然季节栽培姬松茸,生产设备、技术相对落后,产品质量、产量不稳定,且上市量集中,价格波动较大,菇农的经济效益难以保证,竞争力比较薄弱。研究适宜国内发展的现代化高效生产技术,是当前姬松茸发展的一个重点。

鉴于目前农业生产环境现状,不少地区的大气、水源和土壤环境都受到了不同程度的污染,对姬松茸生产已构成威胁。为保证姬松茸消费者的食用安全,请阅读知识链接。

知识链接

(一)环境清洁

地势较高,排灌水方便,通风向阳,环境卫生,空气清新,远离畜禽圈舍、饲料仓库、生活垃圾堆放、填埋场等病虫害多发区。避开热电厂、造纸厂、水泥厂、石料场等工矿"三废"排放污染源。

(二)方便产销

选择交通方便,水电供应有保证,保温、保湿性能好,周围无污染源的地方作为姬松茸的出菇场地。并有能堆料的发酵场所。

(三)空气要清洁

姬松茸无公害栽培对产地空气质量要求,见表1。

表1 姬松茸生产大气环境质量标准

项目		标准(毫米/米²)	
		日平均	1小时平均
总悬浮微粒(TSP)		0.12	—
二氧化硫(SO₂)		0.05	0.15
氮氧化物(NO₂)		0.10	0.15
氟化物	滤膜法	7(微克/米³)	20(微克/米³)
	挂片法	1.8(微克/分米³)	—

(四)布局要合理

生产区与生活区要分隔开,生产区应合理布局,堆料场、拌料装料车间、制种车间、灭菌设施、接种室、发菌室与出菇房、采收包装车间、成品仓库、下脚料处理场各自独立,又合理衔接,防止生产环节之间及对周围环境产生交叉污染。

（五）培养料及管理要无公害

原料来源要求新鲜、无污染。如果发现原料发霉变质、有虫害，应采用生态、物理、生物等方法进行防治。原料仓库避免使用剧毒老鼠药灭鼠。

培养料配制时不得加入剧毒农药及生长激素类物质。配方中的畜禽粪要求不含激素和抗生素等。不允许添加含有生长调节剂或成分不明的辅料。

对于覆土要求土壤应符合 GB 15618—1995《土壤环境质量标准》的要求，可用天然、未受污染的泥炭土、草炭土、林地腐殖土及农田耕作层以下的土壤，经太阳暴晒后使用。土壤中相应重金属含量不超标。覆土材料不能用高残毒农药处理。

生产用水，包括培养料配制用水和出菇管理用水，可用自来水、泉水、井水等，禁止使用被污染的水，水质应尽可能符合 GB 5749—2006《生活饮用水卫生标准》的要求。用水基本要求见表 2。

表 2　姬松茸生产用水标准

项目	标准	项目	标准
色	不超过 15 度，不呈其他颜色	砷	0.05 毫克/升
浑浊度	不超过 3 度，特殊不超 5 度	硒	0.01 毫克/升
臭和味	不得有异臭、异味	汞	0.001 毫克/升
肉眼可见物	不得含有	镉	0.005 毫克/升
pH	6.5～8.5	铬（六价）	0.05 毫克/升
总硬度	450 毫克/升	铅	1 毫克/升
铁	0.3 毫克/升	银	0.05 毫克/升
锰	0.1 毫克/升	硝酸盐（以氮计）	20 毫克/升
铜	1.0 毫克/升	氯仿	0.06 毫克/升
锌	1.0 毫克/升	四氯化碳	0.002 毫克/升
挥发酚类	0.002 毫克/升	苯并（a）芘	0.01 毫克/升
阴离子合成洗涤剂	0.3 毫克/升	细菌总数	100 个/升
硫酸盐	250 毫克/升	总大肠杆菌群	不得检出
氯化物	250 毫克/升	游离余氯	不低于 0.3 毫克/升 管网末不低于 0.05 毫克/升
溶解性总固体	1 000 毫克/升		
氟化物	1.0 毫克/升		
氰化物	0.05 毫克/升		

姬松茸 种植能手谈经

二、关于栽培设施的选择问题

姬松茸自1992年引入我国福建以及其他省份试种以来,广大生产者根据当地资源优势和气候特点,设计建造出形状各异的栽培菇棚,并通过科学有效的灭菌和消毒方法,为栽培成功奠定了基础。

栽培技术能手高巨前面已经介绍了标准菇房、草棚菇房、塑料大棚墙式菇房,目前国内常见的还有工厂化菇房、高标准控温菇棚、泡沫板菇棚、砖瓦连体菇房、半地下式简易菇房、竹木简易菇房,简易菇棚及普通民房,具有抽送风设备的地下室、山洞、地道、人防工事等。栽培者可根据自身经济基础、现有条件、实际生产规模等灵活掌握,选择不同形状、结构、材料的设施用于姬松茸生产。

知识链接

（一）国内外较常见的食用菌栽培设施

1. 工厂化菇房　该菇房为工厂化生产专用菇房,内设多层床架,具有控温、增湿、通风、光照等多种功能,见图56、图57。

图56　工厂化菇房内部

图57　工厂化菇房外观

2. 高标准控温菇棚　该菇棚为设施化栽培用菇棚,内设多层床架,各棚配备制冷机组,可人工调控温、湿、光、气等环境因子,见图58。

图58　高标准控温菇棚

3. 泡沫板菇棚　该棚由钢骨架、泡沫板、棚膜组建而成,内设木制床架,可控温栽培亦可自然温度栽培,在闽浙山区应用较多,见图59。

图59　泡沫板菇棚

4. 砖瓦连体菇房　该菇房多为自然季节栽培使用,在长江以南地区较为常见,见图60。

5. 半地下式简易菇房　此为河北省灵寿县等北方地区墙式立体自然季节栽培菇房,该模式栽培出的姬松茸产品具有基部粘连少、可食部分多、含水量低、耐储存等优点,见图61、图62。

6. 竹木简易菇房　该菇房由竹木、棚膜、遮阳网组成,投资相对较少,在长江以南竹产区应用较多,见图63。

7. 闽浙简易菇棚　该菇棚由竹木、棚膜、稻草组成,是闽浙山区菇农就地取材、因陋就简的姬松茸栽培场所,见图64。

图 60 砖瓦连体菇房

图 61 半地下式简易菇房外观

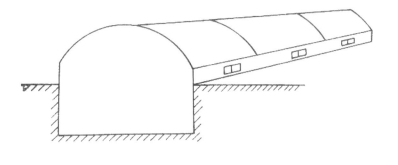

图 62 半地下式简易菇房结构

下篇 专家点评

图63 竹木简易菇房

图64 闽浙简易菇棚

（二）栽培设施建造

塑料大棚的建造可根据自身经济基础、现有条件、实际生产规模等灵活掌握,选择不同形状、结构、材料的大棚用于姬松茸生产。日光温室的形式有多种多样,目前全国各地推广的主要形式有:短后坡高后墙塑料薄膜日光温室、琴弦式塑料薄膜日光温室、全钢拱架塑料薄膜日光温室、97式日光温室、半地下式塑料大棚等。

1.短后坡高后墙塑料薄膜日光温室　见图65。

跨度5~7米,后坡长1~1.5米,后坡构造及覆盖层由柱、梁、檩、细竹、玉米秆及泥土构成,矢高2.2~2.4米,后墙高1.5~1.7米,在寒冷的北方地区北墙厚0.5米,墙外培土,温室四周开排水沟。

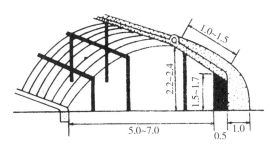

图65 短后坡高后墙塑料薄膜日光温室

2.琴弦式塑料薄膜日光温室 见图66。

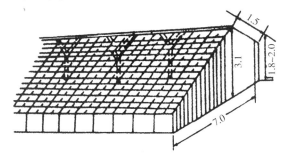

图66 琴弦式塑料薄膜日光温室

跨度7米,矢高3.1米,其中水泥预制中柱高出地面2.7米,地下埋深40厘米,前立窗高0.8米,后墙高1.8～2米,后坡长1.2～1.5米,每隔3米设一道10厘米钢管桁架,在桁架上按40厘米间距横拉8号铁丝固定于东西山墙,在铁丝上每隔60厘米设一道细竹竿作骨架,上面盖塑料薄膜,不用压膜线,在塑料薄膜上面压细竹竿,在骨架细竹竿上用铁丝固定。这种结构的日光温室采光好,空间大,温室效应明显。前部无支柱,操作方便。

3.全钢拱架塑料薄膜日光温室 见图67。

图67 全钢拱架塑料薄膜日光温室

跨度 6~8 米, 矢高 2.7 米, 后墙为 43 号空心砖墙, 高 2 米; 钢筋骨架, 上弦直径 14~16 毫米, 下弦直径 12~14 毫米, 拉花直径 8~10 毫米, 由 3 道花梁横向拉接, 拱架间距 60~80 厘米, 拱架的上端搭在后墙上; 拱架后屋面铺木板, 木板上抹泥密封, 后屋面下部 1/2 处铺炉渣作保温层; 通风换气口设在保温层上部, 每隔 9 米设一通风口。温室前底脚处设有暖气沟或加温火管。这种结构的温室, 坚固耐用, 采光良好, 通风方便, 有利保温和室内作业。

4. 97 式日光温室　见图 68。

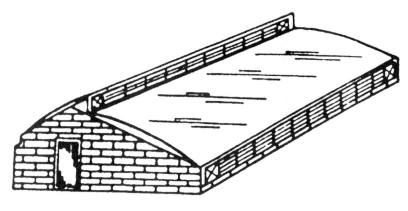

图 68　97 式日光温室

室内净宽 7.5 米, 长 60 米, 脊高 3.1 米, 顶高 3.47 米, 后墙高 1.8 米, 跨间 2 米, 室内面积 450 米^2, 内部无立柱。前屋角 20°~22°, 立窗角 70°, 后坡 30°, 前后坡宽度投影比 3.8 : 1, 属短后坡型。

覆盖材料是用 0.15 毫米或 0.12 毫米进口聚乙烯长寿膜, 双层充气, 也可根据生产要求, 内层使用红外保温无滴膜, 整体充气, 塑料薄膜无接缝, 不用压膜线, 抗风能力强。

97 式日光温室采用双层塑料薄膜充气结构, 保温性提高, 热量流失少。温室顶部、侧墙配有专门的通风窗, 可灵活控制温室内温度及通风量。

5. 半地下式塑料大棚　见图 69。

半地下式塑料大棚一般在建造时, 大棚的主体部分向地面下挖 1.2~1.4 米, 大棚外的高度 60 厘米左右, 而大棚内部的高度 1.8~2 米, 这种结构的大棚保温、保湿效果好, 冬暖夏凉, 结构简单, 建造省工、省材, 适合农村及贫困地区使用, 大棚可大可小, 外形呈斜坡状或弓形均可。

(三) 场地消毒

新建的栽培设施, 必须在使用前 5~7 天建成, 老场地也应进行一次彻底的检修及材料更换, 以免影响正常生产, 造成不必要的损失, 然后进行一

图 69　半地下塑料大棚

次认真细致的消毒、杀虫处理。

1. 紫外线照射　利用紫外线灯管照射对出菇场地进行消毒处理,按 20 米² 装 30 瓦紫外线灯 1 支,开启照射 30 ~ 60 分,主要杀灭各种微生物。

2. 化学药剂喷洒　利用化学杀菌药剂,配制成水溶液,对菇房内四周、空间、支柱等进行喷洒 2 ~ 3 次,可起到较好的消毒效果,常用的药剂有多霉灵 I 型、多霉灵 II 型、万菌消、菇力达、硫酸铜、氢氧化钠、过氧乙酸等药剂。

3. 利用化学药物熏蒸消毒　按 1 米³ 空间用福尔马林 8 ~ 10 毫升,高锰酸钾 4 ~ 5 克(或福尔马林直接加热)密封熏蒸消毒,也可用硫黄粉 15 ~ 20 克或烟雾消毒剂 3 ~ 4 克,点燃熏蒸 12 ~ 24 小时。

4. 喷洒杀虫剂　出菇场地在使用前喷洒杀虫、杀螨药剂,对危害姬松茸生产的害虫进行杀灭处理,常用的杀虫、杀螨药剂有虫螨杀、虫立灭、敌菇虫、氯氰菊酯、敌百虫、辛硫磷、克螨特等。

诚告家行

无论消毒还是杀虫,操作者都必须穿长袖上衣和长裤,并佩戴帽子、橡胶手套、防毒面具或口罩和眼镜,尽量减少皮肤裸露部分,以免消毒剂、杀虫剂对人身造成伤害。

姬松茸 种植能手谈经

三、关于栽培季节的确定问题 ……………………………… ◆

不同的地域，不同的季节，环境条件千差万别，姬松茸作为一个有生命的物体，对环境条件有着特殊的要求，选择环境条件适宜其生长发育的季节进行生产，是获得生产利润最大化的前提。

我国地域辽阔,在同一季节因地区不同而气候各异,特别是南、北气候相差悬殊,所以,应根据姬松茸出菇的遗传特性、品种特性及生产目的、生产条件和生产区域,做到因地制宜,合理安排。

知识链接

一般说来,南方地区受自然条件的制约甚少,更适合姬松茸生长,在温、湿度合适的地区和林区,可以在加荫棚、风障的条件下露地做畦栽培,根据适合姬松茸生长的温、湿度及当地的气候条件灵活掌握,一般安排在春、秋两季栽培。春栽:平原地区于 3~4 月,山区于 4~5 月播种,4 月中下旬至 6 月中旬出菇,越夏后 9~11 月出菇;秋栽:于 8 月中旬播种,9 月至翌年 5 月出菇。

北方地区气候干燥,冬季寒冷,宜采用温室和大小塑料棚进行室内栽培,栽培场地要避风、遮光、保湿、冬暖夏凉。室内多采用床栽,床架要南北走向,便于通风,光线均匀。一般安排在春末夏初至秋天栽培,播种后 30~35 天出菇,出菇时菇房温度应控制在 20~28℃。

姬松茸栽培条件要求严格,科学合理地安排好制种时间和栽培季节非常重要。姬松茸出菇期受温度制约较大,低于 20℃、高于 33℃,即停止出菇。但该菌丝体的生命力很强,有抵抗高、低温的能力,一般只要保持覆土层湿润,菌丝体不失水,温度适宜后还会继续正常出菇。在河南省,夏季出菇是 5~7 月,秋季出菇是 9~10 月。

下篇 专家点评

专家点评

四、关于姬松茸优良品种的选育问题 ·············· ◆

生物品种多种多样,每一个品种(菌株)都有其独有的特性,同一菌株又因其产品用途和生产条件不同而使产品形状、色泽、产量相差甚远。

姬松茸的育种,首先是从自然界把野生的姬松茸菌株驯化培育成能够进行人工栽培的品种。通过与其他栽培菌株对比,获取各自的优势信息和不足信息,再通过杂交、诱变、细胞融合等育种手段,选育出适合干制、鲜销、罐藏等要求的优良栽培菌株,应用于大面积推广。

知识链接

(一)人工选择育种

人工选择育种也称驯化育种或系统选育,是以姬松茸在自然界的自发变异为基础,选育出高产、优质菌株的方法。这种方法不能改变个体的基因型,只是利用自然条件下发生的有益变异,进行人工选择,从中分离选育出优质、高产菌株。自然选育的核心是自发突变与人工选择。

1. 种菇的选择 在自然界生长的野生姬松茸孢子弹射后会随风飘浮,传播性很强,飘浮的孢子遇到适宜生长的环境条件,就会萌发成菌丝体,继而形成子实体完成其生活史。因此,采集到的野生姬松茸,即便是色泽、形状有所差异,也可能因腐生的环境、季节等条件不同而不同,都有可能是同一菌株。

2. 定向选育 为避免人力、物力的浪费,提高工作效率,在育种过程中,对收集到的野生姬松茸菌株的纯菌种进行拮抗试验,淘汰那些编号不同,但基因型相同的菌株。然后将所留菌株的纯菌种放在同一培养基上进行栽培试验,在相同条件下进行菌丝培养,并详细记录菌丝的萌发、吃料、速度、色泽、疏密等数据。菌丝发好后进行出菇试验,根据现蕾快慢、菇蕾多少、色泽深浅、菌柄粗细、菌盖大小、产量高低、生育期长短和抗病力强弱为选种目标,采用优胜劣汰的方法,筛选出符合要求的菌株,经扩大试验后,选出1~2个有代表性的优良菌株,在试验基地进行示范性生产,结果确定后,再逐步推广。

对筛选出来的野生姬松茸菌株再进行人工选择,保持原菌株的优良特性,改变部分特性,就可以逐渐变成人工栽培品种。

(二)杂交育种

食用菌杂交育种的基本原理是通过单倍体交配实现基因重组。杂交育种通过选择适当的亲本进行交配。从杂交后代中选育出具有双亲优良性状的新品种,具有一定的定向性。通过杂交,一方面可使优良的基因进行重组与累加;另外,可利用 F_1 代产生的杂种优势,得到有突出表现的菌株。世界各国育种工作的现状说明,常规的杂交育种仍是食用菌育种中应用最广泛、效果最显著的重要手段,其杂交方法有多孢杂交和单孢杂交两种。

1. 单孢杂交   单孢杂交就是首先选择两个菌株,然后通过单孢分离获得单孢菌丝体,把单孢菌丝配对杂交,获得杂交子,杂交子进行繁殖筛选,从中选出优良菌株。其杂交步骤和方法是:亲本菌株选配→单孢分离→杂交配对→转管繁殖→初筛→复筛→菌株栽培→ F_2 代菌株筛选→稳定性考察→示范推广。

(1)选择亲本   从大量野生或栽培菌株中选出杂交甲、乙亲本。在无菌条件下对种菇子实体消毒后,搜集孢子。

(2)单孢分离   从不同亲本子实体中分离出一定量的甲、乙单个担孢子(单核菌丝)。

1)玻片稀释分离法   将种菇在无菌条件下收集到的孢子制成悬浮液,再加入适量无菌水,稀释到每小滴悬浮液大致只含有一个孢子。将此液滴在载玻片上,在显微镜下检查。然后将确认只含有一个孢子的悬浮液移接到培养基上培养。

2)平板稀释分离法   取 5 只空试管,每支加入 9 毫升洁净水,塞好硅胶塞经高压灭菌后,将其编号为 1、2、3、4、5。在无菌条件下,用无菌吸管吸取 1 毫升孢子悬浮液,注入 1 号试管中,将试管充分摇匀;继而换新吸管,从 1 号试管中吸取 1 毫升稀释孢子悬浮液,注入 2 号试管中,以此类推,便可获得 5 个不同稀释浓度的孢子悬浮液。以从中选择 100 个孢子/毫升的稀释浓度为宜,在这种试管中,吸取 0.1 毫升滴入直径 9 厘米的无菌培养皿内,然后每皿倒入已冷却到 45℃ 的琼脂培养基 15~20 毫升,在工作台上轻轻旋转均匀,静置使其凝固成平板,将培养皿倒置于 24℃ 恒温箱内培养 7 天,待平板上长出单个菌落,在放大镜下检查,确系单孢者,移接到斜面培养基上。

3)显微操作器分离法   这是机械手代替人手分离的方法。此操作方便,但价格昂贵。

(3)杂交配对   因姬松茸单核菌丝时间很短,担孢子一旦萌发成单核菌丝,需立即让不同亲本的甲、乙单核菌丝以"单×单"方式尽快配对结合,形成双核菌丝。其杂交在直径 2 厘米的大试管内进行。在每支试管斜面培养基上,接入杂交亲本的单核菌丝各一块,二者的距离为 2.5 厘米,在 24℃ 条件下培养。当两个单核菌丝体接触后,挑取接触后的菌丝用显微镜进行镜检,如系双核菌丝,即可挑取一小块移接到新的斜面培养基上。

(4)转管繁殖   将可亲和的双核菌丝在试管内培养到 3 厘米左右,转接入新的 PSA 试管斜面培养基上,置于 23℃左右环境中培养。

(5)镜检初筛　通过显微镜检,挑出菌丝是否有锁状联合,有锁状联合的菌株保留备用,淘汰掉无锁状联合的菌株。

(6)复筛　把有锁状联合的双核菌丝接种在同一培养基平板上,根据是否形成"抑制线",把相似或相同的菌株分开类别,避免大量重复,挑选出各自不同并与亲本拮抗的菌株。

(7)菌株栽培　把上述挑选出的菌株进行栽培试验,测定菌株的性能,即第一次栽培筛选。经筛选后的菌株称为 F_1 代杂交菌株。根据实验结果,把产量高、色泽好、菌盖不易开伞的优良菌株筛选出来,进行组织分离,获得 F_2 代杂交菌株。

(8)F_2 代菌株筛选　继续对 F_2 代菌株进行栽培评选试验,选出优良菌株,即第二次栽培筛选。

(9)稳定性考察　经第二次栽培筛选出来的杂交菌株,还需经多方面的中间试验,其中包括对不同区域、不同海拔、不同温度、不同气候、不同培养基质等条件的栽培试验,从而选出适应范围广、产量高、质量好、抗病力强的姬松茸优良杂交菌株。

利用姬松茸品种间的单孢杂交,即可获得杂交异核体菌株。该异核体菌株相当于微生物杂交获得的异核体。根据对姬松茸的子实体进行组织分离,可以保持其遗传特性,对杂交子一代的姬松茸子实体组织进行分离,可以获得种性稳定的杂交菌株。

通过许多单核菌丝的杂交,可以得到在生理特征和形态特征等方面和亲本双核菌丝不同的菌株。从这些双核菌丝中,可以育出适合大面积栽培的姬松茸新菌株。

2. 多孢杂交　由于姬松茸单孢杂交育种过程复杂,时间长,采用多孢杂交的育种方法,时间短,见效快。张筱梅等用此法选育出高产稳定菌株 A207。其杂交步骤和方法是:菌株选择→孢子杂交→及时镜检→出菇试验。

(1)菌株选择　根据姬松茸杂交优良菌株的标准,要求选择的两个亲本菌株必须具有优良菌株的某些特征。如选择亲本甲菌株具有菌盖内卷、开伞慢的特征;选择乙菌株时,必须注意选择出菇快、产量高、抗病力强的特征,以便使甲、乙菌株通过杂交具有互补性。同时,两亲本菌株必须具有远缘性,这是获得优良杂交菌株的关键。

(2)孢子杂交　采用担孢子弹射法,同时进行两亲本子实体菌褶弹射下来的担孢子自由杂交。该法类似于自然界中单孢杂交,只是两个亲本菌株是经过选择的特定菌株。

1)菌褶贴附法　把甲、乙两个亲本即将弹射孢子的种菇采下,严格按照无菌操作规程,用接种针各切取 1 厘米左右长的菌褶,贴在斜面培养基上方的试管壁上,菌褶片贴牢后,置于恒温箱内,稍微倾斜,使弹射出来的孢子能均匀地散落到培养基斜面上。然后,将恒温箱温度控制在 17℃ 左右,培养 4~6 小时,使其弹射出担孢子。再将温度调整到 24℃ 左右,继续培养。当培养基表面出现雾状物后,在无菌条件下,用接种针将贴在管壁上的菌褶片轻轻取出,以减少杂菌感染的机会。继续在适温下培养。

2)孢子稀释法 在无菌条件下,用无菌吸管吸取两个亲本的孢子稀释液,滴在同一平面培养皿中均匀涂布,之后在适温下培养,让两个亲本孢子进行杂交。

(3)及时镜检 杂交菌株一般比两亲本的单核菌丝长势快,因而发现肉眼可见长势较快、强壮的菌落,要及时挑取转接至新的试管斜面培养基上进行培养,包括由于拮抗作用而被明显分割成各小区的菌落。通过显微镜检,留下有锁状联合的菌株,并进行编号,去除无锁状联合的菌株。

(4)出菇试验 把挑选出来的菌株进行出菇试验,测定其菌丝长势、生长速度、出菇快慢、出菇量多少、形态特征及抗杂能力等指标,从中选择较优的菌株,进行子实体组织分离,得到第一批双核菌丝。

3.杂交菌株鉴定 姬松茸杂交育成的菌株,要通过一系列的鉴定后,才能确定是否杂交成功,其鉴定方法有:

(1)形态鉴定 杂交成功的新菌株,其形态应具有两个亲本的优点,但形态只是初步的鉴定,因为它受环境等各方面因子的限制,仅用此法鉴定杂交菌株,存在一定的局限性。

(2)拮抗反应 又称对峙反应、抑制反应。把选育出来的杂交菌株与两亲本菌株同时接种在琼脂培养基上,其接触的部位具有明显的拮抗线,证明此菌株不是原来的两个亲本菌株。其接触的部位如果不出现拮抗线,则说明是为同一菌株,应予以淘汰。

(3)同工酶谱测定 将选育出来的姬松茸杂交新菌株与两个亲本菌株进行漆酶(LC)、酯酶(EST)、酸性磷酸化酶(ACP)等同工酶谱测定。要求选育出来的菌株既具有双亲的部分酶带,又具有不同于双亲的新酶带,从而证明是一个不同于亲本的杂交菌株。

(4)稳定性鉴定 姬松茸优良杂交菌株的稳定性要经 3 次以上试验室栽培和较多面积的中间试验,其生物学特性表现优良,而且极其稳定的菌株,方能定为优良的杂交新菌株。

(三)诱变育种

诱变育种是人为利用某些理化因子诱导食用菌遗传因子发生突变,再从多种突变体中选出正突变菌株的方法。诱变育种是获得优良食用菌菌株

的常用手段。目前看来,对食用菌育种较为有效的理化因子包括钴 60、紫外线、离子束、激光、X 射线、超声波、快中子、亚硝酸、亚硝酸胍、氮芥、硫酸二乙酯等。诱使姬松茸野生菌株和栽培菌株发生变异,筛选出生育期短、产量高、品质优的优良姬松茸新菌株。诱发突变材料宜用单核细胞,是微生物育种常用的一种方法。

在生产实践中,只要我们勤于观察、多加留意,同样也有可能筛选到农艺性状稳定、抗逆性强、产量高、品质好的优良姬松茸菌株。

下篇 专家点评

姬松茸 种植能手谈经

> 　　根据品种类型和它们之间的差异，采取针对性的生产管理措施，趋利避害，科学利用，是获得优质、高产、高效的先决条件。

目前,姬松茸栽培技术不断完善,产量不断提高,新品种也越来越多,但是,不同品种之间产量、质量、性状和适应区域等存在明显差别,选择时要根据各地的气候特点、原料供应以及生产目的的不同,灵活选用优良品种。新引进品种必须进行栽培试验,才能大面积推广应用。

福建省宁化县食用菌办曾经比较了姬松茸 7 号、姬松茸 9 号和福建省农业科学院土壤肥料研究所2011 年选育的姬松茸 AbML11 号与当地一个品种进了比较试验。试验表明,AbML11 号出菇早、出菇整齐、产量高、品质好、朵型适中、抗逆性强、商品价值高,具有良好的经济效益,适合在宁化县乃至整个福建省大面积推广。北京市农业技术推广站胡晓艳将 4 个品种:薛瑞(引自北京薛瑞菌业有限公司)和姬松茸 1 号、姬松茸 4 号、姬松茸 5 号进行了比较试验。姬松茸 1 号品种发菌快,出菇早,但子实体小,市场认可度低,总产量也不高;薛瑞发菌速度、子实体大小和产量均为中等,是一个较好的品种;姬松茸 5 号品种虽然子实体较大,但发菌慢,产量低,不适宜在本地推广种植;姬松茸 4 号品种发菌速度略慢,但与其他品种相比差异不显著,而且子实体大,产量较高,是本试验表现最好的品种。

知识链接

主要菌株介绍

1. 姬松茸 AbML11 号　由福建省农业科学院土壤肥料研究所选育。该品种具有产量高、转潮快的特点。子实体前期呈浅棕色至浅褐色;菌盖圆整,扁半球形,直径为 3～4 厘米,盖缘内卷;菌褶离生,前期白色,开伞后褐色;菌柄实心,前期粗短,逐渐变得细长,长为 2～6 厘米,直径 1.5～3 厘米。一般每平方米产量达 4.88～6.42 千克,生物学效率达 23.1%～42.8%。

适宜以稻草、芦苇、牛粪等为主料,以麸皮、过磷酸钙、石灰等为辅料;培养料采用常规的二次发酵方法制备,适宜含水量为 55%～60%,适宜 pH 为 6.5～7.5;每平方米播种 1～2 瓶(750 毫升菌种瓶)。菌丝生长适宜温度为 23～27℃,子实体发育适宜温度为 22～25℃,菇房适宜空气相对湿度为 75%～85%。

2. 福姬 77 号(原名:福姬 J$_{77}$)　由福建省农业科学院土壤肥料研究所、福建农林大学生命科学学院、福建省农业科学院农业生态研究所选育。子实体单生、群生或丛生,伞状,菌盖直径平均 4.94 厘米,菌盖厚度平均 2.67 厘米,菌肉厚度平均 0.76 厘米。原基近白色,菌盖半球形、边缘乳白色、中间浅褐色;菌肉白色,受伤后变微橙黄色。菌褶离生,密集,宽 6～8 毫米。菌柄圆柱状、上下等粗或基部膨大,初期实心,后期松至空心,表面白色,平均长度 5.45 厘米、直径 2.00 厘米。平均每平方米产量 7.38 千克(生物转化率 27.6%)。

适宜播种期春季为 3 月中旬至 4 月中旬,秋季为 8 月底至 9 月中旬;菌丝生长的适宜温度为 23～26℃,子实体发育适宜温度为 22～27℃;出菇适宜的空气相对湿度为 85%～95%。

3. 川姬松茸 1 号 由四川省农业科学院土壤肥料研究所选育。菌丝灰白色,有锁状联合,子实体近半球形,黄褐色至浅棕褐色,有纤维状鳞片。菌柄圆柱状,菌环上位,膜质。菌丝生长温度 15～32℃,22～26℃最适。子实体生长温度 16～30℃,18～25℃最适。菌丝生长阶段不需光照,子实体生长需 300 勒以上的光照。适宜的培养料含水量 60%～70%,覆土含水量 20%～25%,子实体生长的空气相对湿度是 85%～90%。菌丝生长最适 pH 为 6.5～7.5,子实体形成的最适 pH 为 6.5～7.5,覆土层的 pH 为 7～7.5。

与出发菌株日本姬松茸相比,产量增加幅度为 8.51%～12.43%。

适宜用稻草、麦草、棉子壳、甘蔗渣等为主料,与辅料麸皮、米糠、牛粪等经堆制发酵腐熟后进行床(箱)栽或熟料袋栽。属中温偏高菌类,一年可生产两季。3～4 月播种,4～8 月出菇;8～9 月播种,9～12 月出菇。

4. 姬松茸 2 号 菇体为棕色,圆整,盖半球形,有杏仁香味,菇体大小中等。单菇重 20 克左右。适宜在上海市种植。原料应新鲜,无霉变和腐烂变质。配方可以按照双孢蘑菇栽培配方,因地制宜。进行二次发酵,后发酵期间应在 60℃保温 8～12 小时,50～55℃一定要保证 4～6 天。发菌温度 25℃左右,覆土厚度 4 厘米左右,不宜低于 3 厘米。出菇温度应保持在 22～26℃,出现冒菌丝现象时应避免大通风,适当降低菇房湿度。管理宜采用一潮菇一次水的方法。

5. 姬松茸 9 号 菌丝洁白,密集,粗壮,爬壁力强,生长快。子实体单生或丛生,菌盖斗笠状或圆形、浅褐色、有绒毛,菌盖直径 4.9 厘米,厚 3.3 厘米,韧性好,耐储运。菌柄粗短,脚柄有气生菌丝。生物学效率 36%。菌丝发育适宜温度 22～28℃,出菇温度 20～32℃。

6. 姬松茸 7 号 由福建省农业科学院土壤肥料研究所选育。菌丝乳白,稀疏,爬壁力弱。菇蕾单生或丛生,菌盖斗笠状或圆形,菌柄细长,从菌柄到菌盖均为白色。为白色品种,虫害重,产量较低,但营养价值高(经测量氨基酸含量比普通巴西蘑菇高),但其颜色、口感较好,深受消费者喜爱。

7. 1 号(三明) 由福建三明真菌研究所选育。小朵品种、出菇密,菌盖长帽形,菌柄较细长,上下较均匀。产量高。菌丝发育温度 22～28℃,出菇温度 20～32℃。

8.2 号(三明)　由福建三明真菌研究所选育。小朵品种、出菇密,菌盖长帽形,菌柄较细长,上下较均匀。产量高。菌丝发育温度 22～28℃,出菇温度 20～32℃。

9.4 号(三明)　由福建三明真菌研究所选育。大朵品种,菌盖色泽较深,菌盖帽形,菌柄较粗短。产量高。菌丝发育温度 23～28℃,出菇温度 20～33℃。

10.5 号(三明)　由福建三明真菌研究所选育。大朵品种,出菇密,菌柄较短,不易开伞,颜色较浅。产量高。菌丝发育温度 23～28℃,出菇温度 20～33℃。

11.新太阳　菌丝萌发力强,菌丝爬壁能力强,菌丝粗壮,菌丝密集,菌丝色泽浓白,菌丝长势好,菌丝生长速度 0.53 厘米/天,菌盖浅褐色,子实体较嫩,口感较好,但韧性较差,不耐储运,菌柄粗壮,菌肉肥厚,朵型较大。

12.姬 A　菌丝萌发力强,菌丝爬壁能力较强,菌丝粗壮,菌丝较密集,菌丝色泽洁白,菌丝长势较好,菌丝生长速度 0.47 厘米/天,菌盖褐色,韧性较好,耐储运,菌柄粗壮,菌肉肥厚,朵型较大。

六、关于菌种制作与保藏技术应用问题 ♦

优良品种是获得高产高效的基础，怎样才能快速高效生产出姬松茸菌种？生产的品种应该怎样保藏呢？

姬松茸菌种制作与保藏是姬松茸生产的关键环节。纯度高、生命力强的菌种是姬松茸栽培取得优质、高产的先决条件。菌种质量的优劣,不仅关系到菌种生产单位经济效益的高低和信誉的好坏,而且直接影响姬松茸生产者的经济效益,因此,菌种生产应在选用优良品种的基础上,采取正确的制种方法,制出纯度高、性能优良的菌种。

目前姬松茸大面积应用的菌种有两种,一种是传统且应用面积最广的固体菌种,另一种是液体菌种。

知识链接

固体菌种的制作,前面高巨同志已做了系统制种介绍,现对姬松茸液体菌种制作和菌种保藏作以补充。

(一)液体菌种制作技术

液体菌种制作的设备条件要求较高,投资较大,且运输、保存和生产环节要求严格,技术操作人员必须具备一定的微生物鉴定实践经验,否则一旦出现问题,损失惨重。因而只有具备条件才能进行液体菌种生产。

主要设备有恒温振荡培养器、小型液体发酵罐、大型液体连续发酵罐以及相应的接种设备,见图70、图71、图72。

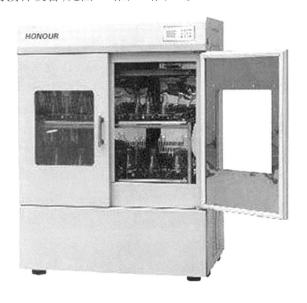

图70　恒温振荡培养器

图71　小型液体发酵罐　　　　图72　大型液体连续发酵罐

1. 液体菌种的优点

（1）周期短　固体菌种培养一般需25～40天,而液体菌种培养仅需3～7天。

（2）萌发快　液体菌种具有流动渗透性,每个栽培袋接种的菌种内有数以万计的鲜活菌球深度深入,因此接种后多点萌发,内外上下一起长,24小时左右菌丝布满料面,15天左右可长满菌种袋,一般品种十多天就可出菇。由于萌发快,减少了杂菌污染。

（3）菌龄一致　因液体菌种发菌点多,加上营养液营养丰富,菌丝生长速度快,活力强且菌龄一致,减少后期杂菌感染,可使姬松茸的产量和质量明显提高。

（4）成本低　液体菌种接种,每袋菌种成本仅几分钱,只有固体菌种的1/10～1/5,用液体菌种接种,比固体菌种接种工作效率提高4～5倍,从物质、人力上都降低了成本。

（5）纯度高　使用液体菌种发酵罐培养液体菌种在完全无菌的密封环境中快速萌发,动态培养,因而菌种纯度高,确保出菇健壮。

（6）出菇齐　采用液体菌种的菌龄短,出菇整齐一致,质量好。

（7）适宜工厂化生产　综合以上因素,使用液体菌种生产食用菌,为标准化、规模化、工厂化生产提供了有效保障。

2. 液体菌种工艺流程　斜面菌种活化→初级摇瓶种→二级摇瓶种→发酵罐深层发酵种→接种。

（1）斜面菌种活化　将保藏的斜面菌种重新接种培养,称为菌种活化。取试管保藏种,接到和保藏菌种同种配方的斜面培养基上,每管接入0.5厘米×0.5厘米菌种块一块,于25℃恒温培养箱中暗培养8天,待菌丝长满斜面后备用。

（2）摇瓶菌种制种

1）初级摇瓶制作

A. 配方

配方1　马铃薯20%、葡萄糖3%、玉米粉1%、豆饼粉2%、碳酸钙0.2%、磷酸二氢钾0.1%、酵母粉0.5%、硫酸镁0.05%、水73.15%。

配方2　马铃薯20%、葡萄糖2%、玉米粉1%、蛋白胨0.2%、磷酸二氢钾0.05%、氯化钠0.01%、硫酸镁0.05%、水76.69%。

B. 制作　马铃薯去皮切成薄块,煮沸后保持20分,用四层纱布过滤后取滤液,补足水分,称取其他成分,与马铃薯液充分搅匀然后装入三角瓶。

初级摇瓶采用500毫升三角瓶,装入200毫升,放入玻璃球5粒(或磁力搅拌子)用两层纱布包裹制作棉塞,塞紧棉塞后再用两层纱布外层加报纸做罩,扎紧瓶颈,防止摇动时棉塞活动。

C. 灭菌　把三角瓶放入立式高压锅灭菌,当压力达0.11兆帕,温度达到121℃时,保持45分。断电使其降温至25℃即可出锅接种。

D. 接种　在无菌条件下每瓶接入0.5厘米×0.5厘米的菌丝块4块(使其浮在液面),在25℃下静置培养48小时。

E. 初级摇瓶培养　当静置培养48小时后,液面菌种长到1厘米大,无污染,即可将三角瓶放到小型摇床上培养。保持培养温度25℃,启动开关,调速至150转/分,培养96小时,当菌液颜色清亮、菌球密集,占整个培养液的80%以上,瓶口处有很浓的菇香味,可作为二级摇瓶扩大培养的种子使用。

2）二级摇瓶制作培养　二级摇瓶菌液配方与一级相同,5 000毫升三角瓶装液2 000毫升放入玻璃球8～10粒(或磁力搅拌子),灭菌压力、时间同一级,接种在无菌条件下迅速将一级摇瓶种倒入二级摇瓶中,接种量10%,塞紧棉塞绑好棉塞罩,即可放到摇床上培养,保持环境温度25℃,转速150转/分,培养72～96小时。

72～96小时后,菌液颜色变清亮,菌球小而均匀密集,占菌液的80%以上,瓶口有明显菇香味,即为合格的液体摇瓶种,可以用于发酵罐扩大培养。

（3）发酵罐深层发酵培养

1）发酵罐培养基配方　玉米粉4%,麸皮2%,蔗糖3%,磷酸二氢钾0.25%,硫酸镁0.1%,维生素$B_1$0.01%,豆油0.05%,水90.59%。

2）制作方法　按发酵罐最高70%的容量确定需要制作的菌种量,按比例称取各种原料,用两层纱布做袋,把玉米粉和麸皮分装两袋放入煮锅中加足水,开锅沸腾后保持30分,摆动纱布袋使营养充分溶于水中,然后控水取出,最后把剩余其他成分先溶于2升水中搅匀加入煮锅内,开锅搅拌均匀,即可入罐灭菌。

3）发酵罐的准备

A. 发酵罐的清洗和检查　发酵罐在每次使用后或者再次使用前都必须进行彻底的清洗:除去罐壁的菌球和菌块,料液和其他污染物,对于内壁的菌球可以用木棒包扎软布擦拭,洗罐的水从罐底排出,如果有大的菌料不能排出,可以卸下罐底的接种管线排出菌料。发酵罐的气密性检查:关闭发酵罐所有阀门,稍微打开进气阀门,开启打气泵,让发酵罐压力缓慢上升至0.1兆帕后,关闭空气进气阀门保压,用肥皂水喷洒与发酵罐上的阀门连接处、焊接处、压合密封面处,逐一检查以上的地方是否有肥皂泡吹起以确定罐体的严密性,若有漏气现象应立即排除。发酵罐的控制柜和加热棒检查:发酵罐清洗完毕后加水以超过加热管为宜(绝对禁止加热管干烧)然后启动设备,检查控制柜、加热管是否正常,各个阀门无渗漏,检查合格后方可工作。

B. 发酵罐煮罐　正常生产不需要煮罐,上一次生产完毕,只需要将罐洗净就可以进入下一批生产。如果出现初次使用的新罐、上一次污染的发酵罐、更换生产品种的发酵罐、长时间不使用的发酵罐等情况之一时,需要煮罐。

煮罐是对发酵罐进行预消毒的过程,具体操作方法:关闭发酵罐底部的接种阀门,进气阀门,把水从发酵罐口加入至视镜中线,盖上发酵罐口盖子,拧紧,打开发酵罐夹套排气阀门和发酵罐排气阀门;启动电源,打开控制柜"灭菌"键,此时进入灭菌状态;当温度升到100℃夹套有蒸汽冒出时,调节夹套排气阀门的开度,保证发酵罐内冷空气排净并保证有蒸汽流通;当控制柜显示屏幕上显示温度123℃,压力表压力达到0.12兆帕时控制柜自动倒计时,屏幕上可以显示发酵罐温度和倒计时时间,当倒计时时间显示为0时,控制柜自动报警,此时发酵罐灭菌结束。关闭加热棒、发酵罐排气阀门,闷20分后打开排气阀门和接种阀门,放掉发酵罐内压力和水,煮罐结束。

C. 发酵罐空消(内胆、过滤器、管线的消毒)　发酵罐空消是对发酵罐进行设备消毒灭菌的过程,对于放置一周不用的发酵罐或者是因为停电使空压机(打气泵)停止运转的发酵罐都需要进行发酵罐的空消操作。具体的操作方法:关闭发酵罐除夹套排气门外的所有阀门,拧紧发酵罐罐口盖子;启动电源,打开控制柜"灭菌"键,此时进入灭菌状态;当温度升到100℃夹套有蒸汽冒出时关闭夹套排气阀门,此时给夹套升温升压,当夹套压力达到0.05兆帕且不超过0.1兆帕时,缓慢打开夹套进过滤器阀门、过滤器尾阀门;当过滤器冷凝水排放完毕有蒸汽冒出后,微开过滤器尾阀门,缓慢打开进气阀门尾阀门,排放空气管道内的冷凝水,冷凝水排放完毕后缓慢打开进气阀门,使得蒸汽慢慢进入罐体;微开发酵罐排气阀门,缓慢将发酵罐内的冷空气排放出去,在空消的整个过程中,控制发酵罐排气阀门,使得发酵罐排气阀门有少量蒸汽流通；当控制柜温度显示接近123℃，发酵罐罐内压力接近0.12兆帕时缓慢打开接种管道尾端，将接种管道内冷凝水排放完毕后保证尾端有少量蒸汽冒出，保证蒸汽流通；当温度达到123℃，发酵罐压力达到0.12兆帕时控制柜开始倒计时，屏幕上显示温度和倒计时时间，当倒计时时间为0时，控制柜自动报警，此时空消结束；空消结束后，关闭发酵罐加热棒、夹套进过滤器阀门、发酵罐进气阀门、发酵罐接种阀门、接种管道尾端阀门。微开发酵罐排气阀门、夹套排气阀门，发酵罐进气阀门尾阀门，使得夹套、发酵罐内、过滤器的压力慢慢下降，当过滤器压力即将降完时，打开空压机(打气泵)，使得空气流通过滤器，通过过滤器的空气在发酵罐进气阀门尾阀门排放掉，流过过滤器的空气对滤芯吹30分，使得吹出的空气无水分后备用。

4）投料　投料前检查发酵罐接种阀门和发酵罐进气阀门是否关闭，确认发酵罐内压力为0。发酵罐口打开，将配好的培养基由罐口倒入或用泵打入发酵罐中，加入泡敌，然后加水定容，液面高度以高于视镜下边缘10厘米为宜。拧紧发酵罐口盖子，以防漏气。

5）发酵罐实消　投料结束后，打开夹套排气阀门和发酵罐排气阀门，启动电源，按下"灭菌"键，此时进入灭菌状态；当温度升到100℃夹套有蒸汽冒出时，关闭夹套排气阀门，发酵罐排气阀门微开，整个发酵罐实消过程中控制发酵罐排气阀门的开度，保证发酵罐罐内冷空气排净并保证有蒸汽流通；当控制柜显示屏幕上显示温度123℃，压力表压力0.12兆帕时控制柜自动倒计时，屏幕上可显示发酵罐温度和倒计时时间，当时间倒计时为0时，控制柜自动报警，打开夹套排气阀门，发酵罐排气阀门，使得夹套和发酵罐压力缓慢下降(发酵罐压力不能掉零)。此时发酵罐灭菌结束。

　　计时开始时和灭菌即将结束时需要对发酵罐进行排料操作，微开接种阀门，有少量气、料排出即可，每次排料时间3～5分。排料的目的：一是排出阀门处的生料，二是对阀门管路进行灭菌。

6）培养基冷却　培养基冷却是将灭菌结束后的培养基由123℃降至25℃的过程。可采用两种冷却方法：一是通冷水，利用循环冷却水进行冷却降温；二是发酵罐通气，在培养料灭菌最后一次放料后，微关发酵罐进气阀门尾阀门，同时微开发酵罐进气阀门，启动空压机，操作缓慢进行，使得之前通过过滤器的无菌空气通入发酵罐内。控制发酵罐排气阀门使发酵罐压力控制在0.04兆帕。

7）发酵罐接种　发酵罐接种在发酵罐的整个操作过程中尤为重要，接种操作直接影响到后期发酵罐培养工作。接种前要准备好火圈（棉花缠紧，用纱布套上）、火机、95%工业酒精、75%消毒酒精、手套、湿抹布。具体操作如下：关闭门窗以及通风设施，用消毒液喷洒后开启臭氧机灭菌，进行环境、工具、工作服消毒，屏风围挡；接种人员在环境消毒后进入现场，着工作服、戴口罩和卫生帽，将火圈用95%工业酒精浸泡后套入发酵罐罐口；接种人员用75%消毒酒精擦拭双手以及种子瓶口后，点燃火圈；火圈点燃后，关闭发酵罐进气阀门，打开发酵罐进气尾阀门，微开发酵罐排气阀门，当发酵罐罐压降至0.01兆帕以下时，关闭发酵罐排气阀门，在火焰的保护下打开发酵罐罐口，发酵罐罐口盖子移至火焰上方；接种人员将种子瓶移至火焰处，一手拿瓶一手拿镊子在火焰的保护下将瓶口的棉塞旋下，棉塞要在火焰的保护区内，用火焰对种子瓶口消毒后，稳、准、快地把种子培养液倒入发酵罐内，接种量10%，在火焰的保护下将棉塞塞住瓶口，移出火焰保护区，种子瓶备检；在火焰的保护下迅速将发酵罐口盖子拧紧，迅速打开发酵罐进气阀门，关闭发酵罐进气尾阀门，使得发酵罐压迅速上升。湿抹布将火焰扑灭。收起火圈，去除屏风。

注意：整个接种过程禁止人员走动，禁止说话，防止空气流动，穿戴好防护用品，整个过程要快速有序。

8）培养 接种结束后微开排气阀使罐压至 0.02～0.04 兆帕，并检查培养温度和空气流量，培养温度设定在 25℃，通气量 6 升/分，通气压力为 0.06 兆帕，即可进入培养阶段（根据发酵的品种不同，控制各个品种所需要的温度，通气量等各种参数）。

诚告家行

罐压低于 0.02 兆帕易染杂菌，高于 0.04 兆帕会降低寿命，气体气泡直径变小，溶氧减少，高压时二氧化碳溶解度大于氧气。

9）取样观察 接种 24 小时以后，每隔 12 小时可从接种口取样 1 次，观察菌种萌发和生长情况。一般"三看一闻"，一看菌液颜色，正常菌液颜色纯正，虽有淡黄、橙色、浅棕色等颜色，但不混浊，大多越来越淡；二看菌液澄清度，大多澄清透明，培养前期略显浑浊，培养后期菌液中没有细小颗粒及絮状物，因而菌液会越来越澄清透明，否则为不正常；三看菌球周围毛刺是否明显及菌球数量的增长情况，食用菌菌球都有小小毛刺，或长或短，或软或硬。在 48～72 小时，菌球浓度增长较快，体积百分比浓度 80% 可接袋。若变浑浊、出现霉味或酒味，颜色加深，说明已坏。闻是闻液体气味，料液的香甜味随着培养时间的延长会越来越淡，后期只有一种淡淡的菌液清香味。

诚告家行

实际接袋时间以取样为准：静置 5 分，菌球既不漂浮，也不沉淀，菌液澄清透明，菌球、菌液界线明显，袋内温度降至 30℃ 以下（第一天接液体罐，第二天装袋）。若无菌袋，关闭启动电源，冷水降至 15℃ 以下，可保持 2 天。

10）接菌袋　当发酵结束后，利用空压机将罐压升至 0.05 兆帕（根据接种管道控制发酵罐压力），将接种枪提前用高压灭菌锅灭好，在火焰的保护下接在接种管道的尾端。依次打开发酵罐接种阀门、接种管道尾端阀门、接种枪。枪头要用火焰灭菌，灭菌后放掉残存在接种管线内和接种枪内的冷凝水后方可接种。

11）异常情况处理　若培养过程中突然停电，应立即依次关闭发酵罐进气阀门、发酵罐排气阀门、发酵罐进气尾阀门，保持发酵罐内部为正压力。待通电后依次打开发酵罐进气阀门、微开发酵罐进气尾阀门，缓慢打开发酵罐进气阀门，防止培养基进入过滤器。

（二）菌种的保藏

菌种制作分两个方面，一是采集种菇进行分离，获得纯菌种；二是根据姬松茸的不同遗传特性，采用人工选择、杂交育种、诱变育种和原生质体融合等方法，选育出高产、优质、符合栽培目标的菌株，通过菌种制作程序繁殖培养。菌种制备后，一部分应用于生产，一部分保藏备用。优良的菌种长期使用也会退化，为使品种长期保其优良特性不变，必须采取妥善的保藏方法及科学的定期复壮技术。姬松茸菌种的保藏方法除前面提到的斜面短期保藏法外，还有木屑保藏法、液体石蜡保藏法和液氮保藏法等。

1. 木屑保藏法　用阔叶树木屑 78%、麦麸 20%、糖 1%、石膏 1%，配制成姬松茸培养基，加适量水搅拌均匀，装入试管长度的 3/4，稍压紧，洗净管口及内壁，塞上棉塞，用牛皮纸包好，于 0.15 兆帕压力下高压灭菌 40～60分，冷却后接种，于 24℃ 条件下恒温培养。待菌丝长至试管 2/3 时，用石蜡封闭棉塞或在无菌条件下换上灭菌后的橡胶塞，再包上硫酸纸或塑料薄膜，在恒温 4℃ 冰箱中可保藏 1～2 年。

移植时取出在冰箱中保藏的试管菌种，置于 24℃ 条件下恒温活化培养24～48 小时，在无菌条件下打开试管，去除上部 2～3 厘米的老化菌种，用接种针挑取一块麦粒大小的新鲜菌体，转接于试管斜面培养基上，剩余部分封口后继续保藏。

2. 液体石蜡保藏法　此法简单易行，无需另添设备，液体石蜡覆盖在斜面菌种上，可隔绝空气，防止斜面培基水分蒸发，抑制菌丝代谢活动，从而达到长期保藏的目的。此法可保藏 2～10 年，但最好是每隔 1～2 年移植一次。液体石蜡菌种放置在常温下保藏，比置于冰箱内低温保藏效果更好。

（1）石蜡处理　选用化学纯的液体石蜡，装入三角瓶中，装量达体积的1/3，塞好棉塞。配上适合三角瓶的橡皮塞，塞子的上面安装虹吸管，少量菌种也可不用吸管，用纸包好。将三角瓶于 0.15 兆帕压力下灭菌 30 分，灭菌后将液体石蜡置于 40℃ 烘箱中，使其高压蒸汽灭菌时混入的水分蒸发。

（2）石蜡灌注　在无菌条件下,将灭菌后的液体石蜡注入刚长好的姬松茸母种斜面培养基内,使液面高出斜面尖端1～2厘米,石蜡液灌注过多,接种不方便;灌注过少,保藏过程中易失水萎缩。

（3）菌种保存　将注入液体石蜡的姬松茸菌种,直立放于试管架上,置于干燥场所常温保存,防止棉塞受潮长霉。所用液体石蜡纯度要高,杂质多易引起变质或菌种死亡。保藏期间应定期检查,如培养基露出液面,应及时补充无菌的液体石蜡。若需要长期保藏的姬松茸菌种,最好在加液体石蜡后换用无菌橡皮塞,或将棉塞齐管口剪平,采用石蜡封固,再用塑料薄膜包扎后,置于清洁、避光的木柜中,见图73。

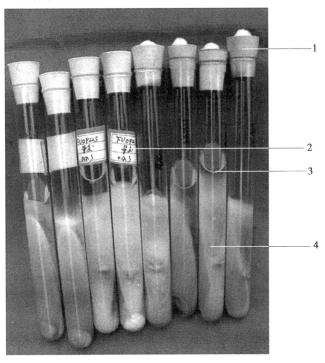

图73　石蜡保藏法
1.橡皮塞　2.标签　3.液体石蜡　4.培养基与菌苔

（4）移植培养　液体石蜡保藏的菌种,移植时不必将石蜡液体倒去,可用接种铲经火焰灭菌后,直接从斜面上铲取一小块菌丝,移植到试管斜面培养基上,剩余母种重新封蜡保藏。刚从液体石蜡保藏菌种中移出的菌丝体,因粘有矿油,生长较弱,需再经转扩一次方能恢复正常。

3.液氮保藏法　液氮保藏法是目前国际上正在大力推广的一项新技术。该法是将欲保存的菌种储藏在 -193～-130℃的液氮罐内,操作简单,保藏时间长,由于超低温能使代谢水平降到最低,因此菌种基本上不发生变异。

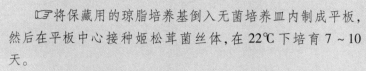

姬松茸 种植能手谈经

液氮罐储藏姬松茸菌种的要点：

☞将保藏用的琼脂培养基倒入无菌培养皿内制成平板，然后在平板中心接种姬松茸菌丝体，在22℃下培育7～10天。

☞取直径为5毫米的打洞器在菌丝的近外围打取琼脂块，然后用无菌镊子将这些带有菌丝体的琼脂块移入保藏安瓿瓶中。

☞保藏安瓿瓶的口径约10毫米，内盛0.8毫升已经灭菌的冰冻保护剂。冰冻保护剂常用10%甘油或10%二甲亚砜蒸馏水溶液。

☞用扁火熔封安瓿瓶的瓶口。

☞以每分下降1℃的速度缓慢降温，直至-35℃左右，使瓶内的保护剂和菌丝块冻结，然后置液氮罐中保藏。

☞复苏培养启用液氮超低温保藏的菌种块时，应先将安瓿瓶置于35～40℃的温水中，使瓶内的冰块迅速融化，然后再启安瓿瓶，取悬浮的菌丝块移植于适宜的培养基上活化培养。

七、关于栽培原料的选择与利用问题 ⋯⋯⋯⋯⋯ ◆

姬松茸的生产原料，主要是由农作物秸秆、畜禽粪、化学肥料等组成。掌握各种原料的营养和物理特性，是科学配制培养料，获得高产优质姬松茸的关键。

姬松茸种植能手谈经

（一）主料

主料是指生产中的主要原材料,用量占70%以上,主要为农林副产物,如棉子壳、玉米芯、玉米秸秆、稻草、麦秸、高粱秆、高粱壳和蔗渣,以及各种野草等。

1. 稻草　稻草是农业生产中最多的秸秆原料之一。它是栽培姬松茸的一种主要原料。稻草中粗蛋白质含量为1.8%,粗脂肪含量为1.5%,粗纤维和木质素的含量为28.0%,可溶性碳水化合物含量为42.9%,粗灰分含量为12.4%。栽培姬松茸用的稻草要求干燥,无霉变。

2. 麦草　麦草又叫麦秸。有小麦草和大麦草两种。大麦草在我国的数量少,主要是小麦草,在南北方地区都有分布。大麦草的蛋白质含量高,是小麦草的两倍。大麦草的粗蛋白质含量为6.4%,粗纤维和木质素的含量为33.4%,可溶性碳水化合物含量为38.7%,粗灰分含量为7.9%。小麦草的粗蛋白质含量为3.1%,粗脂肪为1.3%,粗纤维和木质素的含量为32.6%,可溶性碳水化合物含量为43.9%。由于小麦草中空,壁厚,外层为蜡质层,堆料时占据空间大,不易腐熟。因此,用小麦草作姬松茸培养料时,需用石磙将其碾破变软后使用。

3. 玉米秆　玉米秆也是农业生产中的主要秸秆原料之一,也可用作栽培姬松茸的原料。玉米秆中粗蛋白质含量为3.5%,粗脂肪含量为0.8%,粗纤维和木质素含量为33.4%,可溶性碳水化合物含量为42.7%。玉米秆需经粉碎后使用。

4. 玉米芯　玉米芯是指着生玉米棒的中轴部分,又叫玉米轴等。玉米芯的粗蛋白质含量为2.0%,粗脂肪含量为0.7%,粗纤维和木质素含量为28.2%,可溶性碳水化合物含量为58.4%。玉米芯需粉碎成小颗粒后使用。

5. 高粱秆　高粱秆是我国高粱产区的主要秸秆原料。高粱秆中粗蛋白质含量为3.2%,粗脂肪含量为0.5%,粗纤维和木质素含量为33.0%,可溶性碳水化合物含量为48.5%。用于栽培姬松茸时,需粉碎成粉末后使用,以与稻草或棉子壳等原料混合堆制发酵使用为好。

6. 高粱壳　高粱壳是指高粱子粒的外壳。高粱壳含氮量丰富,可溶性碳水化合物含量高,较硬,呈颗粒状,通透性好,是生产姬松茸菌种的优质原料之一。据分析，高粱壳中粗蛋白质含量为 10.2%，粗纤维和木质素含量为 5.2%，粗脂肪含量为 13.4%，可溶性碳水化合物含量为 50.0%。高粱壳表面有一层蜡质，较疏松，应与牛粪、发酵棉子壳或秸秆混合使用。

7. 甘蔗渣　甘蔗渣是指甘蔗榨取糖汁后留下的皮层和储层部位的粉碎物。据分析测试，蔗渣中粗蛋白质含量为 1.5%，粗脂肪含量为 0.7%，粗纤维和木质素含量为 44.5%，可溶性碳水化合物含量为 42.0%，粗灰分含量为 2.9%。甘蔗渣较柔软，疏松，富有弹性。使用时应与稻草或麦草或棉子壳或牛粪等原料，混合堆制发酵后使用。

8. 棉渣　棉渣，又叫废棉。指棉纺企业加工后的下脚料，是一种棉花短纤维。废棉中粗蛋白质含量为 7.9%，粗脂肪含量为 1.6%，粗纤维和木质素含量为 38.5%，可溶性碳水化合物含量为 30.9%，粗灰分含量为 8.6%。用棉渣栽培姬松茸时，以与稻草或麦草或棉子壳等原料，混合堆制发酵后使用为好。

9. 杂木屑　杂木屑是指阔叶树的木屑。含有油脂和芳香类物质的树木的木屑不能使用，如松树、杉树、香樟树、桉树等。木屑为木材加工厂的下脚料，或者用树枝或小树木粉碎而成。后一种粉碎而成的木屑，有用养分含量高。因为树木小，边材多，心材小，而营养物质主要贮存在边材中。木材加工厂的木屑，因为树木大，边材少，心材多，养分含量较少。据分析测试，杂木屑中粗蛋白质含量为 1.5%，粗脂肪含量为 1.1%，粗纤维和木质素含量为 71.2%，可溶性碳水化合物含量为 25.4%。杂木屑中蛋白质含量低，而粗纤维和木质素含量高，在利用时，用量不能太多。若杂木屑中含有少量松树、杉树、核树和香樟等树木的木屑，则应将其堆积在室外，经日晒雨淋处理 6 个月以上就可去掉有害物质。利用杂木屑栽培姬松茸时，需将少量的杂木屑与稻草和牛粪等原料混合，堆制发酵后使用。

10. 牛粪　牛粪中养分含量较低，质地细密，透气性差，故称为冷性肥料。鲜牛粪中，一般含水量为 38.3%，含有机质 14.5%，含氮 0.32%，含磷 0.25%，含钾 0.15%，含钙 0.16%。其碳氮比（C/N）：水牛粪为 31.3，黄牛粪为 21.7，奶牛粪为 24。牛粪也是栽培姬松茸的主要原料之一。

11. 马粪　马粪中的纤维素、半纤维素含量高，质地疏松多孔，是热性肥料。用于堆肥，能促进高温纤维素分解细菌的繁殖，有利于提高发酵料的质量。新鲜马粪含水分 75.8%，含有机质 21.0%，含氮 0.58%，含磷 0.30%，含钾 0.24%，含钙 0.15%。

12. 鸡粪　鸡粪是一种含氮量高的肥料，是栽培姬松茸的优质原料。鲜鸡粪中含水分 50%，含有机质 25.5%，含氮 1.65%，含磷 1.54%，含钾 0.85%。

13. 鸭粪　新鲜鸭粪中含水分 56.6%，含有机质 26.2%，含氮 1.10%，含磷 1.4%，含钾 0.85%。鸭粪也是栽培姬松茸的优质原料。

各种原料的养分和物理性质都不相同，充分了解各种原料的成分和特性，就能合理地将其配制成姬松茸的优良培养基质，达到既能增加产量、提高品质，又可降低原料成本的目的。

常用主料的主要营养成分详见表3。

（二）辅料

1. 麸皮　麸皮，又叫麦麸和麸子，是面粉加工中的下脚料，主要是小麦的种皮。麸皮中，粗蛋白质含量为 7.92%，粗脂肪含量为 1.62%，粗纤维含量为 6.57%，可溶性碳水化合物含量为 59.26%。麸皮是姬松茸菌种生产中常用的氮素营养物质，一般用量为 10%～20%。

2. 玉米粉　是由玉米子粒加工粉碎而成的粉末。它也是姬松茸生产中的优质有机氮素营养物质。玉米粉中，粗蛋白质含量为 9.6%，粗脂肪含量为 5.6%，粗纤维含量为 1.5%，可溶性碳水化合物含量为 69.7%。玉米粉中所含的蛋白质比麸皮高。因此，在用量上要比麸皮少，一般用量为 8%～10%。此外，它还可与麸皮或米糠混合使用，但两者在用量上都要适量减少。

3. 米糠　米糠因加工稻米机械的不同和加工部位的不同，其养分含量差异较大。米糠大致可分为三类：一类是统糠，是由一次性加工出稻米而生产出来的米糠，包括洗米糠和谷壳糠；二类是洗米糠，是指脱去谷壳后，再从大米表面脱下的一层糠；三类是谷壳糠，是指用谷壳粉碎而成的糠，谷壳糠是指稻谷的最外层壳，不含有洗米糠。这三类米糠的养分，蛋白质含量最高的是洗米糠，含量为 9.4%；其次为统糠，蛋白质含量为 2.2%，约为洗米糠的 1/4；再次为谷壳糠，其蛋白质含量为 2.0%。生产上常用统糠作为氮素营养物质，一般用量为 20%～30%，比麸皮的用量大。在日本的食用菌生产中，主要是用米糠来补充氮素营养物质。米糠中含有丰富的 B 族维生素，是姬松茸生长不可缺少的物质。谷壳因表面为蜡质层，不易被姬松茸菌丝分解利用，因此，不宜直接作为氮素营养物质补充，否则会造成菌丝生长不良。但在通透性不良的培养基中，适当加入谷壳，可改变培养料的通透性，提高菌丝体的生长速度。洗米糠也可用作氮素补充营养物质使用，但因其蛋白质含量高，故要适当减少用量，一般以 8%～10% 为宜。

4. 黄豆饼粉　又叫大豆饼粉。是榨取大豆油后的下脚料。其蛋白质含量高，为麸皮的 2.5 倍，是一种氮素含量高的有机营养物质。黄豆饼粉的粗蛋白质含量为 35.9%，粗脂肪含量为 6.9%，粗纤维含量为 4.6%，可溶性碳水化合物含量为 34.9%。由于其蛋白质含量高，因此，在用量上要适当减少，一般用量为10%左右,可与麸皮或米糠混合使用。单独使用时,因其数量少,不易在料中分布均匀,以混合使用为好,但在用量上要减少,以5%的用量为宜。麸皮和米糠的用量也要相应减少,以15%~20%为宜。

5. **菜子饼粉** 菜子饼粉,又叫油枯和麻枯。是油菜子榨油后的下脚料。菜子饼粉中蛋白质含量高,比黄豆饼粉的蛋白质含量还略高一些。据分析,菜子饼粉的粗蛋白质含量为38.1%,粗脂肪含量为11.4%,粗纤维含量为10.1%,可溶性碳水化合物含量为29.9%。由于菜子饼粉中含氮量高,因此,用量上要少,一般为5%~10%。其用量的多少,应根据培养料中牛粪用量多少来定。若为无粪合成料,用量要加大。

6. **花生饼粉** 花生饼粉是指花生榨油后的下脚料。它的蛋白质含量高于菜子饼粉和黄豆饼粉,是一种较好的氮素营养物质。据分析测试,其粗蛋白质含量为43.8%,粗脂肪含量为5.7%,粗纤维含量为3.7%,可溶性碳水化合物含量为30.9%。由于花生饼粉的蛋白质含量高,因此其用量与菜子饼粉的用量基本相同。

7. **尿素** 尿素是一种有机氮素化学肥料,又叫脲。它的分子式为$CO(NH_2)_2$。它是白色晶体,含氮量为42%~46%,温度超过熔点时即分解为氨。尿素可作为培养料的氮素补充营养,其用量一般为0.5%~1.0%,是姬松茸培养料中的重要化学氮肥。

8. **硫酸铵** 硫酸铵是一种速效氮素化学肥料。其分子式为$(NH_4)_2SO_4$,含氮量为20%~21%,是姬松茸生长的较好氮素养分,一般用量为2%~2.5%。

9. **过磷酸钙** 过磷酸钙是一种化学磷肥,又叫过磷酸石灰和磷肥。主要化学成分是磷酸二氢钙和入水硫酸钙,含磷(P_2O_5)量为14%~20%。磷是细胞代谢中十分活跃的元素,是核酸和磷脂及其高能化合物ATP的组成元素,故磷肥是一种常用的添加养分,一般用量为1%~2%。由于过磷酸钙为酸性,使用后会降低培养料中的pH,因此在拌料时,要适当加入石灰用量。

10. **磷酸二氢钾** 磷酸二氢钾(KH_2PO_4)也是一种化学肥料。它溶于水,所含的磷为速效成分。它不仅可补充磷,还可补充钾。

11. **石膏** 石膏是一种矿物,化学名称为硫酸钙。它的分子式为$CaSO_4 \cdot 2H_2O$。它为白色或粉红色细粉末。石膏是培养料中常用的辅料,一般用量为1%。石膏的主要作用是改善培养料的结构和水分状况,增加通气性,补充钙素营养,调节培养料的pH,使pH稳定在一定的范围内。

12. **碳酸钙** 碳酸钙是一种盐类,纯品为白色粉末,其分子式为$CaCO_3$,极难溶于水,它的水溶液为弱碱性。碳酸钙可分为轻质碳酸钙和重质碳酸钙,生产上常用的是轻质碳酸钙,但也可用重质碳酸钙。其用量一般为1%。因碳酸钙水溶液能对酸碱度起缓冲作用,故常用作缓冲剂和钙素营养加入培养料中。

13.硫酸镁　硫酸镁是一种盐,医药上俗称泻盐。它的分子式为$MgSO_4 \cdot 7H_2O$,它是无色或白色的晶体或白色粉末,主要是供补充镁离子用。镁离子对细胞中的酶有激活作用。常在培养基中加入硫酸镁,一般用量为0.03%~0.05%。

14.石灰　生石灰遇水后成为熟石灰——氢氧化钙,其中含有2%~20%的石膏,可以中和培养料中过多的酸,也可补充培养料中的钙元素。由于石灰是一种碱性物质,因而一般用于调高培养料的pH,还可用于驱避和杀灭一些杂菌和害虫。

由于各种辅料中蛋白质含量差异较大,因此在用量和用法上都不一致。在配制培养料时,要根据原料自身的蛋白质含量高低,来确定加入量的多少。若使用的原料中蛋白质含量高,辅料使用量就要相应地减少;相反,若蛋白质含量低时,则要加大用量。

常用辅料主要营养成分的含量比较,详见表3。

表3　姬松茸栽培料的营养成分

种类	水分	粗蛋白质	粗脂肪	粗纤维（含木质素）	无氮浸出物	粗灰分
稻草	13.4	1.8	1.5	28.0	42.9	12.4
小麦草	10.0	3.1	1.3	32.6	43.9	9.1
大麦草	12.9	6.4	1.6	33.4	37.8	7.9
玉米秆	11.2	3.5	0.8	33.4	42.7	8.4
高粱秆	10.2	3.2	0.5	33.0	48.5	4.6
黄豆秆	14.1	9.2	1.7	36.4	34.2	4.4
棉秆	12.6	4.9	0.7	41.4	36.6	3.8
棉铃壳	13.6	5.0	1.5	34.5	39.5	5.9
甘薯藤（鲜）	89.8	1.2	0.1	1.4	7.4	0.2
花生藤	11.6	6.6	1.2	33.2	41.3	6.1
稻壳类	6.8	2.0	0.6	45.3	28.5	16.9
统糠	13.4	2.2	2.8	29.9	38.0	13.7
洗米糠	9.0	9.4	15.0	11.0	46.0	9.6

种类	水分	粗蛋白质	粗脂肪	粗纤维（含木质素）	无氮浸出物	粗灰分
麸皮	12.1	7.92	1.62	6.57	59.26	4.35
玉米芯	8.7	2.0	0.7	28.2	58.4	20.0
花生壳	10.1	7.7	5.9	59.9	10.4	6.0
玉米糠	10.7	8.9	4.2	1.7	72.6	1.9
高粱壳	13.5	10.2	13.4	5.2	50.0	7.7
豆饼	12.1	35.9	6.9	4.6	34.9	5.1
豆渣	7.4	27.7	10.1	15.3	36.3	3.2
菜子饼	4.6	38.1	11.4	10.1	29.9	5.9
芝麻饼	7.8	39.4	5.1	10.0	28.6	9.1
酒糟	16.7	27.4	2.3	9.2	40.0	4.4
淀粉渣	10.3	11.5	0.71	27.3	47.3	2.9
蚕豆壳	8.6	18.5	1.1	26.5	43.2	3.1
废棉	12.5	7.9	1.6	38.5	30.9	8.6
花生饼		43.8	5.7	3.7	30.9	
木屑		1.5	1.1	71.2	25.4	

（三）姬松茸几种培养料配方

栽培姬松茸的培养料应根据姬松茸的生物学特性和当地的原料资源状况,合理进行组合。现介绍几种常用栽培配方:

（1）配方1　麦秸60%,稻草20%,干牛粪15%,麸皮3%,过磷酸钙1%,石膏粉1%。

（2）配方2　麦秸70%,棉子壳12.5%,干牛粪15%,石膏粉1%,过磷酸钙1%,尿素0.5%。

（3）配方3　稻草90%,麸皮(米糠)2%,干鸡粪3%,石膏粉2%,过磷酸钙2%,尿素1%。

（4）配方4　玉米秆36%,棉子壳36%,麦秸11.5%,干鸡粪15%,碳酸钙1%,尿素0.5%。

（5）配方5　稻草73%,麸皮(米糠)10%,菜子饼粉10%,尿素1%,过磷酸钙1%,石膏粉2%,石灰粉3%。

（6）配方6　稻草42%,棉子壳42%,牛粪7%,麸皮6.5%,钙镁磷肥1%,碳酸钙1%,磷酸二氢钾0.5%。

（7）配方7　稻草44%，小麦草30%，麸皮10%，菜子饼粉8%，尿素1%，过磷酸钙2%，石膏粉2%，石灰粉3%。

（8）配方8　菌糠（渣）60%，稻草17%，饼肥8%，麸皮10%，石膏粉1%，过磷酸钙2%，石灰粉2%。

（9）配方9　稻草52%，麦草20%，米糠（麸皮）10%，菜子饼粉10%，尿素1%，过磷酸钙2%，石膏粉2%，石灰粉3%。

（10）配方10　小麦草75%，棉子壳13%，干鸡粪10%，复合肥0.5%，生石灰1.5%。

专家点评

八、关于栽培模式的选择利用问题 ------------ ◆

姬松茸栽培区域的自然气候、设施条件、消费习惯和生产目的不同，其栽培模式、管理方法等亦有较大的差别。生产者应如何根据实际情况合理选择呢？

姬松茸的栽培方式基本上与双孢蘑菇相同。根据我国的气候条件,一般可进行春、秋两季栽培。在栽培方式上,通常采用菇房床架栽培,或在室外搭简易棚架栽培,亦可采用大田畦床栽培。近几年还出现浅沟栽培及与农作物套种等新的栽培方式。由于春季湿度较高,畦床栽培透气性差,单产不如床架式栽培产量高;而在秋季因气候干燥,畦床的保湿性能较强,单产反而比床架式栽培要高。畦床栽培面积大,但不能有效地利用栽培空间,在同等栽培面积上的总产量不如床架式高。所以,大面积栽培为了提高经济效益,仍以床架式栽培为好。

知识链接

(一)工厂化栽培

姬松茸的工厂化栽培处于起步阶段,由于它不受季节的影响,可常年栽培,产量高,质量好,是今后商业化栽培发展的方向。

近年来,由于自然季节生产姬松茸的成本不断增加,受双孢蘑菇工厂化栽培的影响,人们也在不断探索姬松茸的工厂化栽培。福建、四川、上海等地,都在积极尝试。工厂化栽培的程序如下:

1.栽培场所设计要求及布局　姬松茸栽培场地应选择在地势高、通风良好、排水畅通、用电方便、交通便利的地方,并且要远离污染源,至少300米内无禽畜舍、无垃圾(粪便)场、无污水和其他污染源(如大量扬尘的水泥场、砖瓦场、石灰厂、木材加工厂等)。

栽培场根据生产工艺,设置有生活区、原材料存放区、拌料区、发酵区、制种区、培养出菇区。各个区域要按照栽培工艺流程合理安排布局,做到生产时既要井然有序,又省时省工。

2.温控菇房构造及制冷设备配置　温控菇房地面为水泥硬化地面,四周及房顶全部采用10厘米厚的夹芯彩钢板,见图74。单库菇房大小以20米×10米×3.8米为宜。按冷库标准要求进行建造。制冷设备与冷库大小相匹配,配置制冷机及制冷系统、风机及通风系统和自动控制系统;应有健全的消防安全设施,备足消防器材;排水系统畅通,地面平整。菇房内每个过道安装照明日光灯2支。

3.温控菇房内栽培架的设计　栽培方式使用床架栽培,栽培架5层,架宽1.5米,层间距55厘米,底层离地面20厘米,顶层距房顶90厘米以上,架间走道80厘米,见图75。在顶层与天花板之间用无滴膜隔开,避免制冷

图74 温控菇房

机冷气直接吹到菌床。每层床架的背面要安装 LED 灯带,灯带的多少要根据床架的宽度来确定,一般 0.5 米宽度需安装一条灯带。

图75 温控菇房内栽培架

4.加湿设施配置 菇房配加雾器,要求雾化程度高,空间雾化均匀。

5.通气设施配置 菇房设进气风扇 4 台,另一侧设排气风扇 4 台。风扇要正对过道,进气扇在菇房的上部离屋顶 50 厘米,排气扇在菇房的下部离地面 20 厘米。要求风扇规格 250 毫米 ×250 毫米。

6.栽培管理技术

(1)原料选择 主辅原料应选用干燥、纯净、无霉、无虫、不结块、无污染物,防止有毒、有害物质混入。在堆肥过程中可添加天然微生物发酵剂。

培养料配制用水和出菇管理用水选用井水或山泉水。覆土材料应选用天然的、未受污染的河塘土、泥炭土、林地腐殖土或农田耕作层以下的壤土，要求质地疏松、毛细孔多、团粒结构好、透气保水性强、有机质含量较高、呈颗粒状。

（2）培养料配方　工厂化栽培姬松茸宜选用如下配方：

1）配方1　稻麦草50%，牛粪37%，饼肥8%，石灰2%，硫酸钙2%，碳酸钙1%。

2）配方2　玉米芯35%，棉子壳20%，牛粪35%，麦麸5%，石灰2%，硫酸钙2%，碳酸钙1%。

3）配方3　玉米秆52%，牛粪37%，饼肥6%，石灰2%，硫酸钙2%，碳酸钙1%。

（3）培养料堆制发酵

1）预湿　建堆前2~3天，将稻麦草、玉米秆、玉米芯等用石灰水淋透，使其吸水均匀，堆放预湿。建堆前7~10天，将干粪用清水淋湿，每100千克干粪加水160~180千克。充分吸水后进行预发酵处理。

2）建堆　料堆呈南北向，堆宽1.6~2.0米，堆高1.5~1.8米，长度视场地而定。料堆的四周呈垂直状，顶部呈龟背形。建堆时，先在地上堆一层已预湿过的稻麦草，厚度25~30厘米，在稻麦草上撒一层已打碎调湿的粪肥5~6厘米，依次再堆一层稻麦草、一层粪肥，做到草料粪肥比例混合均匀，从第四层开始浇水，第四层到第八层逐层加入饼肥、石膏粉及碳酸钙，共堆制10层。建堆时每隔1.5米竖立一根粗木棒或竹竿，建好堆后拔出即形成透气孔。堆顶覆盖草苫，雨天遮盖薄膜，雨后及时揭掉。建堆时要求培养料含水量达到饱和程度。

3）翻堆　采用行走式翻料机翻料或人工翻料。

第一次翻堆在建堆后的第七天，即当料堆温度达到70℃左右时保持3~4天开始翻堆，翻堆时要把草料抖松，做到上下、里外倒翻均匀。翻堆后使料含水量达到70%~72%，可用2%~3%的石灰水调节至pH至8.0~8.5。

第二次翻堆在第一次翻堆后的第六天，即料温继续上升到70~75℃时维持3~4天，料温开始下降时翻堆，方法同第一次翻堆，再重新建堆。

其后进行第三、第四次翻堆，间隔时间分别为5天、4天，前发酵时间为22天左右。最后一次翻堆调节好堆料的水分和pH，要求含水量达到68%~70%，pH 7.8~8.2。

4）后发酵　后发酵可分三个阶段进行，即升温阶段、保温阶段和降温阶段。当前发酵培养料料温不再上升时便开始通蒸汽加温，升温要逐渐均匀升到60~62℃，保持约10小时，使料温降至50℃，维持4~5天。在保温期适量通入过滤消毒的新鲜空气,排除废气。当料温降至45℃,再通入过滤消毒的新鲜空气,使料温迅速降低至30℃以下,后发酵即全部结束。经过后发酵,培养料含水量62% ~ 65% ,pH 7.2 ~ 7.5。

有条件时可采用隧道式蒸汽发酵。发酵时间短,温度、通气均可控制,又适于机械化操作,发酵质量好,见图76、图77、图78。

图76 一次发酵隧道

图77 一次发酵

(4)播种,发菌培养及覆土、耙土、出菇管理

1)播种 将发酵好的培养料均匀铺入菌床上,料厚22 ~ 25 厘米,稍压实,待料温降到30℃左右时开始播种,采用混播与表播相结合的方式播种,播种量为1 千克/米²。将2/3 的菌种均匀撒于料面,用木叉将菌种翻入料内,与培养料充分混匀,然后把料面整平,再将其余1/3 的菌种覆盖在料面,

图78 二次发酵隧道

用木板轻轻拍实，使菌种和培养料紧密接触，遮盖干净薄膜。

2）发菌培养 播种后控制菇房的温度22～25℃、空气相对湿度75%左右，以促进菌种快速萌动生长。播种后3天内不通风。当菌丝吃料一半时，可用三齿叉斜插入料深3/4处，轻轻撬动几次，增加通气。保持菇房内空气新鲜，避光发菌。

3）覆土管理 当菌丝已深入到培养料的2/3、一般在播种后17～20天即可覆土。覆土前一周先将土壤在阳光下暴晒、过筛，用石灰粉调pH至7.5～7.8，并另加1%的石膏粉或轻质碳酸钙，含水量调至接近其最大持水量。覆土时土粒粒径在0.5～2厘米，覆土层厚度在4厘米左右，厚薄均匀，表面平整。覆土2～3天后根据菌丝的生长情况开始调水，采用轻喷勤喷的方法，把覆土层的含水量调足。覆土后至出菇期间一般不通风或轻通风。喷水后，短时通风，让土层表面的积水散发掉，至表土不粘手为宜。一般7天后菌丝即可爬上覆土层。

4）耙土管理 覆土后7～10天、菌丝爬土3/4时开始耙土。用8号铁丝做成铁耙扒耧覆土，将土层中菌丝浓壮和菌丝稀弱地方的覆土掺和均匀，不要伤及培养料，保持土层厚薄均匀一致，耙土后将覆土表面轻压平实。耙土后保持22℃左右的温度，不通风，增加空气湿度，使之达到90%左右，促使菌丝再次萌发、连接，均匀爬满整个土层。耙土后4～5天，将温度降到18～20℃，并进行适量的喷水，诱导原基形成，促进出菇。

（5）出菇管理 耙土后8～10天，控制菇房温度18～20℃，重喷结菇水，总用水量约为2千克/米²，在2天内分8～10次喷完，保持空气相对湿度在90%～95%，同时加大通风换气，当子实体长到黄豆粒大小时，需再喷一次促菇水,喷水量为1.5千克/米^{2}左右,在2天内分6~8次喷完。喷水呈雾状,喷水后立即进行通风。

（6）采收和清床

1）采收　当姬松茸子实体长到5~8厘米,菌膜还未破裂时应及时采收。采菇时,动作要轻,左手食指、拇指轻捏菇柄,稍向下用力旋转,拔起即可,不要带出菌丝体和覆土,右手持利刀轻轻切下泥根。保持菇体整洁,防止沾带泥屑杂质。

2）清床　每次采菇后,及时挑除遗留在床面上干瘪变黄的老根、死菇和其他残留物,彻底清床,重新填平采菇留下的孔穴。每潮菇清床后2天内,不宜喷水,准备下一潮出菇管理。工厂化栽培姬松茸一般可连续采收3潮菇。

（7）整理及加工　鲜菇采收后将畸形、病斑、虫蛀菇剔出,及时整理分级,装入干净、专用的包装器内,见图79。按照加工要求,干菇采用脱水机烘干,保鲜及烘干的材料和方法应符合国家相关卫生标准,不得采用人工合成化学添加剂,有毒、有害物质或离子辐照等进行漂洗、熏蒸、喷洒或辐照处理,不得使用来自转基因的配料、添加剂和加工助剂。

图79　采收

（8）储藏和运输　姬松茸预冷后进冷库保存,鲜菇宜采用冷链运输,在1~4℃的低温储藏、气调储藏或采取速冻保鲜。储藏仓库应当干净、无虫害和鼠害,无有害物质残留,在最近7天内未使用禁用物质处理过。

（二）菇房（棚）层架栽培法

不论是专用菇房或室外简易菇棚都要选择在地势平坦、干燥、背风向阳、近水源、便于排水、环境清洁和交通方便的场所。

1.专用菇房　栽培面积以每间 250～350 米^2（床架面积之和）为宜，占地面积为 60～75 米^2。菇房一般采用土木结构，内设 3 条人行道，2 排床架。人行道宽 65～75 厘米，床架宽 150 厘米，底层距地面 30 厘米，分 5～6 层，层距 50 厘米。菇房南北墙各设 3 层通风窗，共 18 个，呈"品"字形交叉摆位，窗的宽、高分别为 30 厘米、40 厘米。窗上设防虫网和窗门。房顶设拔风筒，高约 65 厘米，直径为 20～30 厘米，筒内安装有活动盖，筒顶设防雨帽。亦可利用空闲双孢蘑菇菇房栽培姬松茸。

2.简易菇棚　可以在室外空闲场地或田间用毛竹搭建。棚高 2.2～2.5 米，整个菇棚用塑料薄膜覆盖，棚顶和四周用芦苇、茅草或带叶杉枝作遮阴物，遮阴度以"三阳七阴"为宜。棚两端设通风口及进出料门。并用砖砌火道，用于进行二次发酵和低温期加温。棚内地面翻松后整理成畦床面，畦床宽 1.3～1.4 米。在畦床上再搭床架，分 4～5 层，畦面为最下层，床架的层距 60～80 厘米。菇棚外开挖排水沟，在播种前用 0.2% 敌敌畏和 0.3% 福尔马林混合液喷洒畦床进行消毒，在进料时于畦床面撒生石灰粉消毒。

在中篇姬松茸高效栽培技术中，已经将栽培方法介绍过了，这里不再做重复介绍。

（三）大田畦床栽培法

大田畦床栽培姬松茸，具有生产投入低、不受场地限制、病虫害少、便于管理的特点。畦床有利于保持培养料水分，更适于秋季栽培。

1.整地做畦　栽培场地应选择在地势较高、地面平坦、排水顺畅、不易积水的场所。场地选好后，要提前翻耕晒白，将土块打碎，整平地面，拣去杂草和石块等杂物。如果土壤偏湿，则要进行晾晒，以降低土壤含水量。当含水量下降到 22% 左右，即用手能捏扁土块，并可搓成圆形而不黏手为宜。播种前，土壤宁可偏干，也不要偏湿。因为如果土壤偏湿，培养料会从土壤中吸收水分，造成培养料含水过多，影响菌丝的生长和出菇的产量。如果使用曾栽培过双孢蘑菇、香菇、竹荪等食用菌的畦床栽培姬松茸，则要喷农药，如天王星、敌敌畏等，以杀灭地下害虫。

场地整好后即可做畦。畦床宽 1.2 米，长度因地势而定。如果地势较平缓，排水不畅，在雨季容易潜水，则应平地起畦，将培养料直接铺在地面上；若是在大雨期间也不会灌水淹没的坡地，可做成 25 厘米的深畦。畦床与畦床之间留 40 厘米作业道。在畦床四周，要开好排水沟。场地较湿时，畦面做成龟背形；若场地偏干，畦面做成平面形。畦面的土块要打碎。

2.培养料配方　参照工厂化栽培所选择的配方。

3.培养料发酵　大田畦床栽培不便于二次发酵，通常按照双孢蘑菇堆肥常规堆制发酵，即一次发酵法。做法是：稻草等秸秆料预湿 2～3 天，建堆后 7 天第一次翻堆,6 天后第二次翻堆,5 天后第三次翻堆,4 天后第四次翻堆,3 天后拆堆进料。

姬松茸培养料堆制发酵时,若添加 EM 菌制剂,有助于改善培养料的理化性状,提高产量。EM 是一种新型复合微生物菌剂,是由 10 属 80 多种微生物复合培养而成的多功能微生物群。它可充分分解有机质,促进有机物的转化,增加有机物的有效营养成分;提高堆肥中的有益微生物数量,减少有害微生物数量;促进堆肥的发酵分解,提高肥效,增进理化性质。据刘艳君等(2000)报道,在姬松茸的堆肥中添加 0.1% ~0.5% 的 EM 所制造的堆肥,姬松茸菌丝生长快而浓白,在料层中的吃料时间可缩短 3 ~5 天,单位面积产量可提高 15.7% ~21.6%。

在培养料堆制过程中,还可使用上海市农业科学院食用菌研究所研制的蘑菇堆肥增温剂。这种菌剂含有嗜温性微生物,在 70℃ 高温下经 4 小时仍具有生物活力,能明显提高堆肥温度,促进培养料的分解转化,并改善培养料的理化性能。据报道,在姬松茸堆肥中添加 0.1% 的蘑菇堆肥增温剂所制造的堆肥,姬松茸的菌丝只需 15 天或更短的时间就可在菇床长满。

诚告家行

培养料堆制过程中会出现各种异常现象,要针对不同情况及时进行处理:

☞料温升不高,建堆后 2 ~3 天料温仍难上升,常与原料偏干或偏湿有关,或与氮素含量过低有关。应及时调节,重新建堆。原料偏干时,可向料中浇水补足;原料偏湿时,可摊开晾晒或添加部分干料混合;缺少氮素养分时,应添加饼粉或尿素补充。

☞料中有臭味和酸味主要是料堆过宽,造成厌氧发酵所致。可将料堆散开,根据干湿度情况,加入石灰水或石灰粉拌匀,调节 pH 至 7.5 ~8 后,重新上堆,控制料堆高度和宽度,并在料堆打通气孔,增加供氧量,降低厌氧发酵面积。

☞料中有浓厚氨味,表明料中存在大量游离氨,尤其是采用合成培养料堆制时更为明显。在含有大量游离氨的培养料中,接种后菌丝不吃料,因营养不足而死亡。可向料中喷施 1% 福尔马林液或 1% 过磷酸钙进行中和;或在铺料后暂缓播种,加大通风,待氨气挥发排除后再播种。

4.铺料播种　畦面土壤偏湿时,要在晾晒后再铺料;若土壤偏干,则应在畦床喷水或灌水保墒,待土壤湿润后再铺料,以避免铺料后造成培养料过湿或过干。铺料播种如中篇所述。播种后,用平板将料面拍平,覆盖地膜或在地膜上再盖一层草帘保温、保湿。然后在畦床上(或以两畦为一组)用竹竿支起拱棚架,用塑料薄膜覆盖并加盖草帘。也可在播种后立即在料面覆盖一薄层土粒,厚约1厘米,其好处是有利于保温、保湿,可提早出菇。但如果菌种没有萌发,就难以检查发现,不便管理。

诚告东家

采用穴播的方法时,根据生产经验,菌种块不宜过大,如种块过大,不但增加用种量,还会出现从种块上过早出菇的现象。过早出菇,由于没有从培养料中充分吸收养分,子实体一般较小,商品价值低。种块也不宜过小,种块过小,虽可节约用种,但因种块太小,易失水干燥,对外界不良环境抗御能力较差,不易萌发吃料。在料面播种的菌种,要分布均匀,约占菌种总用量的1/3。

5.搭建遮阳棚　田间畦床栽培姬松茸应及时搭建遮阳棚,以便挡光防雨。搭建遮阳棚的方法有多种,一种是用遮光率为95%的遮阳网和竹竿建造,在搭建时先用竹竿做一个高为1.8米、大小与栽培面积相适应的遮阳棚支架,然后用遮阳网覆盖在支架上,注意使四周遮阳网着地,再在菌床上建造60厘米高的塑料薄膜棚。还有一种方法是先搭一个遮阳网棚,再在菌床上搭建40厘米高的棚架,然后在棚架40厘米高处平放草帘遮雨。用户可根据自己的实际情况选择合适的方法搭建。

6.发菌管理　播种后2～4天内,以保温、保湿为主。一般不揭膜,以后视气温高低,每天揭膜通风1～2次,每次通风0.5～1小时,膜内温度保持在20～27℃,空气相对湿度保持在75%左右。若料面干燥,可适当喷水,但要防止雨水灌入畦床。通常在播种后20～24小时菌种萌发,48小时后菌丝开始向培养料内蔓延生长。

7.覆土调水　在正常情况下,播种后15～20天菌丝可蔓延到料层的2/3以上,此时可进行覆土。播种后在料面盖塑料薄膜和草帘以保温、保湿。2～4天后每天揭膜通风1～2次,促进菌丝生长;6～7天后在料面覆盖一薄层土粒,可改善畦床的透气性并有保湿作用,可使覆土时间提前。覆土可以在畦间挖取,也可选用保湿、透气性好和富含腐殖质的稻田土,打碎成 0.2 ~ 2 厘米的土粒,然后加入 1% 的石灰粉拌匀,调节土粒含水量为 22%,pH 6 ~ 6.5。若土壤黏性过大,可酌情加入适量垄糠或炭渣,以改善其透气性。

畦床覆土有 2 种方法:通常是将土粒均匀覆盖在床面,厚 3 ~ 5 厘米;另一种方法是在料面做成土垄,土垄间距 6 厘米,高 6 厘米,下宽 10 厘米,上宽 6 厘米。其下层为粗土粒,上层为细土粒。在土垄之间覆盖一薄层细土粒,厚约 1 厘米。覆土后的管理工作主要是水分管理。用少量勤喷的方法,将覆土的含水量调整到 60% ~ 65%,并盖上塑料薄膜,促使菌丝迅速长入土层。覆土后要求保持土粒呈湿润状态,如果气候干燥,土粒发白,要及时喷水保湿。覆土后 10 ~ 20 天,当菌丝爬到土表时,应经常揭膜通风。如果棚内二氧化碳浓度过高,土壤湿度过大,会导致土粒表面气生菌丝过度生长,对出菇不利。

8. 出菇管理 在管理正常情况下,从播种到出菇一般需 30 多天。当覆土层形成粗壮菌索、出现米粒大小白色子实体原基时,应喷一次出菇水,每平方米畦床喷水 2 ~ 3 升,并加大通风,保持空气相对湿度在 85% ~ 95%。以后每天喷水 1 ~ 2 次,保持土层湿润即可,待菇蕾长至直径约 2 厘米时停止喷水。

出菇期间,棚内温度保持在 22 ~ 25℃。温度过高,子实体长快,菇体小,易开伞。在夏季高温期间,要加强通风换气,以降低棚内温度,有利于提高其品质。

(四)熟料脱袋栽培法

姬松茸的栽培工艺基本上与双孢蘑菇相同,大都采用发酵料进行床栽和畦栽。所不同的是姬松茸还可采用熟料脱袋覆土栽培。由于培养料经过灭菌处理,并且是在良好条件下发菌的,因而菌丝生长浓密,积累养分多,能有效地控制杂菌和害虫的侵染,产量高,效益好。这种栽培特别适宜夏季栽培,对于因条件设施和技术上的原因不能进行二次发酵的,更是一种有效的高产栽培方法。

1. 培养料配方

(1)配方 1 棉子壳(经过发酵处理)60%,玉米粉 5%,麦麸 10%,米糠 10%,干牛粪 10%,石膏粉 1%,磷肥 1%,尿素 1%,石灰粉 2%。

(2)配方 2 棉子壳(经过发酵处理)70%,玉米粉 5%,米糠 10%,干牛粪 10%,石膏粉 1%,磷肥 1%,尿素 1%,石灰粉 2%。

(3)配方 3 发酵料 70%,稻草(或麦草粉)20%,米糠 10%。

(4)配方 4 菌渣 60%,稻草(或麦草粉)20%,麦麸 10%,菜子饼粉 8%,石膏粉 2%。

（5）配方 5　菌渣 50%，稻草 30%，菜子饼粉 7%，米糠 10%，石膏粉 1%，石灰粉 2%。

2. 菌袋制备　7 月上旬制袋接种。按上述任一配方配料，调含水量至 65%，料水比在 1:（1.4~1.5）。装料采用 17 厘米×33 厘米的塑料袋，按常规方法装袋、灭菌、接种。每瓶菌种可接种 10~12 袋。接种量不宜过少，应使菌种覆盖整个料面。

3. 发菌管理　夏季气温高，接种后应将菌袋置放在阴凉、通风处培养。培养温度控制在 25~28℃，不宜超过 30℃。空气相对湿度在 70% 左右。

4. 脱袋覆土　7 月上旬接种的，一般在 9 月初发菌结束，继续培养 10 天以上，使袋内菌丝吸收更多养分，到 9 月上旬进行脱袋栽培。

按照室外畦栽的要求选择栽培场地，整理好畦床，浇足底水，剥去塑料袋后将菌丝块卧放在畦床上，随即覆土。覆土材料为细土、米糠混合土，按 10:1 比例混合。覆土上床后，用细水调整覆土含水量，以土粒不黏手、无白心为适量。在土面加盖塑料薄膜，每天揭膜通风 1~2 次。

5. 出菇管理　脱袋覆土后 15 天左右，菌丝已爬上覆土层，揭去畦床表面塑料薄膜，在畦床上架设拱形塑料棚，棚顶高 60 厘米。同时在床面再加盖一层细土，大通风。经 15 天左右，菌丝扭结形成菇蕾，再喷一次出菇水，2~3 天后大量菇蕾从土面长出。

第一潮菇采收后，进行挖根补土，停水 2~3 天，再喷一次重水，第二潮菇的菇蕾很快形成。以后均按一潮菇一次水的方法进行管理。一般可出菇 4~5 潮，至翌年 5 月以前结束生产。

（五）果蔬、农作物行间套种技术

姬松茸菌丝对外界不良环境的抵抗能力较强，特别是具有较强的耐水能力，菌丝经过雨淋仍能正常萌发和生长。因此，可在果蔬、农作物地块，如玉米地、甘蔗地、番茄地、丝瓜棚、葡萄架、柑橘园等场所的地面上与这些果蔬、农作物套种，在作物行间进行姬松茸栽培，既可充分利用土地，又能将种过菇的下脚料直接还田肥土。

下面以苦瓜套种栽培姬松茸为例，将其技术要点介绍如下：

1. 季节安排　苦瓜栽培季节一般为 2~10 月，产瓜期为 5~10 月，姬松茸的栽培季节为 3~10 月，出菇期为 5 月中旬至 10 月，7~8 月虽然气温过高，但可利用苦瓜荫棚下地温低于气温 3~6℃的特点进行出菇。

2. 育苗和菌种制作　苦瓜种子经脱毒处理后于 2 月中旬点播到营养钵中，置 18~25℃温室内进行育苗。育苗过程中注意温室内定期通风，温度控制在 18~25℃，空气相对湿度保持 80%~85%，营养钵要定期补充营养水，保持钵内土壤湿度 85%~90%。当苗期达到 35 天左右，苗高 20 厘米并有真叶出现时即可移入大田定植。同时可于 2 月中旬制作姬松茸麦粒原种。温室培菌 35 天左右，至 3 月中旬制作栽培种，温室培菌 40 天即可结束。

3. 移栽和搭架　移栽前大田要深耕 20 厘米，以采用垄畦栽培为宜。垄畦宽 1 米左右，两垄畦间开一条宽 30 厘米、深 20 厘米的沟，沟长随田块而定，坐北朝南。畦上预盖地膜（膜宽 3 米，为栽培姬松茸而备），并按苦瓜株行距要求插上竹竿，搭好瓜架，要求架高 1.6 米左右，架上用绳或铁丝绑紧扎牢。当日平均气温在 18℃ 以上时即可移栽瓜苗，每畦栽种一行，株距 30 厘米，栽植时先将地膜挖一个 10 厘米 × 10 厘米的洞，然后插入瓜苗。栽后浇水盖膜保温保湿，促苦瓜苗定植。一般一亩（667 米²）地面积栽苦瓜苗 1 500 株左右。

4. 瓜田管理和姬松茸培养料配制　利用地膜覆盖法 3 月下旬地温可达 18℃ 以上。如气温过低可将预留地膜弓起以提高垄畦内温度，促进苦瓜苗生长。同时应注意浇缓水苗，并适当施粪尿肥。当瓜秧爬蔓时应注意引蔓上架，并将 1 米以下的侧蔓摘除。当茎蔓爬至架顶部（蔓长约 1.6 米，有 9 片真叶）时，可进行摘心处理，并在下部萌发的侧枝中选几条生长规则的作为结果枝。姬松茸栽培料的配制以粪草料为主，辅以少量磷肥和尿素。根据栽培面积的 70% 进行姬松茸栽培料的配制，然后进行堆料，要求建堆时含水量控制在 60%。按常规盖膜堆料，当料温达 60℃ 以上时，保持一天即可翻堆，经 4 次翻堆后当料变为金黄色而富有弹性时即堆料结束，此时可按要求调整好 pH 和含水量，然后将料搬至垄畦内栽培。

5. 苦瓜花期管理与姬松茸垄畦栽培　自 4 月下旬，苦瓜主茎蔓已爬上顶架，当植株长至 8 ~ 12 节时出现第一朵雌花，以后每一叶节都会长出雄花和雌花，一般以雄花居多，雌花则每隔 3 ~ 6 节出现一朵。苦瓜产量主要靠茎蔓第一至四朵雌花结果构成，故应适当摘除侧蔓以减少养分消耗，提高主蔓结瓜率。姬松茸栽培料入垄之前，应先将垄畦土层铲松 2 ~ 4 厘米，再将发酵好的栽培料移入垄畦。铺料厚度约为 20 厘米。外侧缘与沟面对齐，采用撒播法播种，每平方米播种量为 1 ~ 2 瓶麦粒菌种（750 毫升菌种瓶），然后压实压平，盖上未发酵新鲜稻草，再盖上已事先预备在畦上的地膜。2 ~ 3 天后掀膜检查发菌情况，以后每天通风一次，并逐渐加大通风量。至第十天后，可白天揭膜通风，晚上盖膜。约经 20 天，菌丝可吃料 2/3，以后每天通风，至第二十五天时菌丝可吃料 95% 左右，即可按常规进行覆土管理。

6. 采瓜期和出菇期田间管理　苦瓜从开花至成熟要 12 ~ 15 天，苦瓜采收的标准是外观表皮呈条状或瘤状粒迅速膨大而明显突起，整瓜饱满而有光泽。苦瓜因主要集中在主蔓和主侧蔓上结瓜，因此应定期进行整枝打权,控制营养生长,以利集中养分,提高产量。姬松茸覆土后应将垄畦地膜弓起50厘米左右,从第三天起每天通风一次,并逐渐加大通风量。如发现菌丝爬出土面,应及时补土,20天左右畦床面出现大量菇蕾时及时喷洒出菇水。至6月初开始采收第一潮菇,10月初采收结束,出菇期长达4个月,7~8月高温天气因由瓜棚遮阴,此时瓜棚下温度不会超过33℃,适宜姬松茸正常出菇,期间可采菇4~5潮。

诚 告 家 行

苦瓜套种栽培姬松茸的优点:

☞解决了姬松茸因7~8月气温过高不能出菇的问题。长江中下游及华南各省(市、区)此时气温可达35℃以上,而苦瓜是绿色植物,其光合作用等多种因素可使菇棚气温始终处于33℃以下,从而可使酷暑季节出菇不断。

☞姬松茸栽培过程中渗出的肥料可促进苦瓜更好生长,可节省肥料投资,出完菇的培养料还可直接留于瓜田用作有机肥,同时菌丝代谢产生的二氧化碳可为苦瓜光合作用提供原料,而苦瓜光合作用产生的氧气又可促进菌丝生长,从而可提高苦瓜产量和姬松茸产量。

(六)盆景栽培技术

我国于20世纪90年代初引进姬松茸品种后,在栽培方式上主要有床栽、箱栽和袋栽,而在栽培地点的选择上,无一例外地选择了空旷通风的菇房。家庭环境下培养姬松茸盆景是农产品营销方式上的突破,赋予了农产品艺术的价值。另外,家庭盆景种植的姬松茸子实体很好地保持了食用菌的完整性、新鲜度、营养成分和风味。

盆景栽培姬松茸不仅使食用菌的附加值大大增加,并且在美化居室、装扮办公桌时,人们又多了一种选择。

1. 菌种制作　原种和栽培种均选用麦粒培养基,原种选用普通玻璃罐头瓶作为菌种瓶,栽培种选用12厘米×24厘米聚丙烯塑料袋作为菌种袋。栽培种在25℃下培养备用。

2. 栽培料配方

(1)配方1　芦笋老茎70%,棉子壳20%,豆饼7.5%,过磷酸钙1%,

姬松茸 种植能手谈经

130

石膏粉 1%,尿素 0.5%。

(2)配方 2 玉米秸秆 70%,棉子壳 20%,豆饼 7.5%,过磷酸钙 1%,石膏粉 1%,尿素 0.5%。

3. 堆制处理 栽培料按常规方法进行高温发酵处理。

4. 接种及发菌管理 选用塑料箱(67.5 厘米×42 厘米×16 厘米)作为盆景栽培容器。二次发酵以后,将栽培料装入栽培容器中,料厚度 10 厘米,压实压匀,然后按照撒播的方式进行播种,播种后将容器移至菇房中,按照常规方法进行发菌管理。当菌丝长到料的 2/3 处时即可进行覆土,先覆一层粗土,等菌丝长到土面上时,再覆一层细土。待栽培容器中长出姬松茸原基后,将盆景移至家庭环境中不受阳光直射的地方。根据室内环境及室外天气情况灵活调整盆景小环境的光照、温度、湿度等条件。

5. 出菇管理

(1)温度与空气调节 北方 5~9 月的室内温度比较恒定,经测定保持在 22~28℃,即使在最热的 7~8 月,也很少超过 30℃,所以室内的温度条件基本符合姬松茸生长的需求,不需要做大的调整。通风昼夜进行,夜晚可在箱上覆盖留有气孔的塑料布(气孔直径 1.5~2 厘米,数目 5~7 个),白天可以完全敞开。

(2)水分管理 水分管理是姬松茸出菇管理中最重要的环节。姬松茸菌丝体生长阶段需水量少,子实体生长发育阶段需水量多。水分管理主要是覆土层喷水,向斜上方喷,保持土层湿润,将土粒湿度调到捏得扁、搓得圆、不黏手、不散开的程度。喷水可采用轻喷、勤喷的方法,逐步增加覆土含水量,以满足子实体发育的需要。当土表出现米粒大小的白色子实体原基时,应喷一次重水,以后每天轻喷 1~2 次,待长出小菇蕾时停水,这时可覆盖带有小孔的塑料布将塑料花盆或塑料箱遮住以保持小环境的空气湿度。

6. 采收 菇发育接近成熟时及时采收。在 7~8 月气温高时要早采,5、6、9 月温度不太高时可迟采。采菇后应清除菇脚、死菇,及时补土,以保持床面厚度。采下的鲜菇可直接食用,也可以清除泥土后置于阳光下暴晒制成姬松茸干品或者冷藏在冰箱中以后食用。

专家点评

九、关于姬松茸栽培技术中的几项关键技术----------◆

产量的高低取决于菇农的栽培技术，本节介绍的关键技术尤为重要。

知识链接

（一）增湿与通气要协调一致

姬松茸后期生长需水量大，使之栽培环境处于高湿状态。菇房湿度大带来的直接后果是通气性降低，使菇床氧气浓度不够，不利于菇类生长，造成幼菇、菇蕾发黄，萎蔫致死；湿度大引致病虫害发生；湿度大又处于高温，加速培养料的腐烂。因此，加强通风，能有效降低栽培场空气及菇床湿度；空气流量增加，能降低二氧化碳浓度；通风的加强，又能促进菇床水分的蒸发，因此，需要及时补水。科学的管理方法：对菇床勤喷水，喷轻水、喷细水，一天要喷 3~5 次，或对地面洒水，每天对菇房进行通风 2~3 次，每次 45~60 分；或将覆盖菇棚的薄膜揭开近地面一截，每天通风 1~2 小时后，再放下来。以协调喷水增湿与加大通风的矛盾。

（二）保温增温与遮阳降温交替应用

姬松茸菌丝生长最适温度为 22~27℃，子实体发生期最适温度为 18~24℃，当室外温度处于 30℃以上，室内温度低于 20℃以下，就难以出菇。我国各地常分春播或秋播，根据其生产周期，从播种、覆土到出菇，约需 50 天，加上出菇期约 3 个月。

（1）春播　春播宜早，应从 2 月 10 日开始，就长江流域而言，此时气温仅为 2~10℃，3 月下旬的气温也只可达到 8~16℃。要适时播种，才能保证 3 月 21 日至 6 月 5 日为正常出菇期，因为 6 月 5 日以后，此区域日平均气温会高于 30℃，不可能再出菇。姬松茸生产前期气温低，应实施保温、增温技术：搭建菇棚时，应增加其保温功能，如采用双层薄膜覆盖，于两层薄膜中间铺一层薄薄稻草，既能透光，又能遮挡一部分阳光透过；向菇棚通入蒸汽进行后发酵；播种后提前覆土、增温，实现早发菌、早出菇。

（2）秋播　长江流域要在 9 月上旬，气温才能下降至 30℃左右，至 11 月上旬，气温才会达到 20℃左右。秋栽姬松茸，以 8 月中下旬堆料，9 月上旬播种、覆土。此期内主要矛盾，是以遮阳降温为主，在菇棚上加盖草帘或遮阳网遮阳；铺料厚度以 15 厘米左右为宜；菇棚内加开排灌沟，沟内灌水以降低菇棚温度，使前期顺利完成堆料、发菌等，为后期正常出菇、创高产打好基础。

(三)推广泥炭土覆土高产技术

覆土为姬松茸栽培的关键技术之一。覆土技术在食用菌栽培上研究较为深入，在鸡腿蘑、姬松茸及大球盖菇的栽培中，近处于初创阶段，有关试验研究正在深入。

福建省德化县食用菌开发办公室，在发展姬松茸栽培中，充分利用本地泥炭资源丰富的有利条件，采用泥炭土作覆土材料，取得了较好效果和经验，其做法是：选择含腐殖质丰富、黑色疏松的泥炭土，挖起来晒干，成块粒状，大小掌握在 1～1.5 厘米，装好备用。使用前，在大木桶或水池内，用 2% 的石灰水浸泡湿润、吸水后，捞出放入竹筐内沥干，测定其 pH 以 7.5～8 为宜。当料床菌丝布满料层 2/3 时，就可进行覆土，轻轻撒于料床培养料表面，料层厚度达 18～20 厘米，覆泥炭土 2.5～3 厘米；料床培养料薄，覆土层也应薄一些，如覆土厚，会延迟出菇，降低产量。覆土后菌丝开始向泥炭土层生长，开始几天不急于喷水，减少通风，使菌丝能在土层中良好生长。当菌丝布满土层，并有部分菌丝露出覆土层表面时，根据床面干湿情况，喷一次出菇水，以土层刚好湿润为宜，同时利用中午适当通风。栽培实践表明：用泥炭土做覆土材料，比用塘泥土、稻田土要提早 3～5 天出菇。这是因为泥炭土质疏松柔软，透气性、吸水性和保水能力强，吸水不粘连，干燥不板结；方便管理，菌丝在土层内生长快，旺盛粗壮，早出菇，出菇均匀一致，且整齐，菇形圆美，产量高，效益好，用泥炭土作覆土材料，平均单产 5.5 千克/米^2，比用稻田土、沙壤土增产 36%。

任何一种鲜活产品，其产值都与货架期时间长短有关。如何延长姬松茸的货架期，并增加其附加值，是本节探讨的重点。

（一）姫松茸的保鲜与加工

1. 适时采收与鲜销　姫松茸是一类有着特殊药用价值和食疗作用的野生性强的菇品，但又与蘑菇属其他种类有较大差异。姫松茸最好是鲜食。由于子实体发生在 23～25℃的温度条件，气温较高，子实体采收后，呼吸作用强烈，极易开伞，不利于保存，缩短了货架期，为了保证商品价值，必须适时采收，即当菇盖直径为 4～8 厘米，菇盖肥厚紧实，含苞未开，表面黄褐至浅棕色，有纤维状鳞片，菇褶内层膜状物尚未破裂时采收为宜。采下的鲜菇经局部清洗、整理后，分别用干净白纸，按整丛或单个包装隔离，小心置筐、篮中，并及时上市。最好置于冷柜（3～5℃）中销售，这样可使货架期延长到 2～3天。

2. 速冻保鲜加工　为了保证姫松茸鲜菇的食用价值，可将采收的鲜菇进行速冻保鲜加工，即将经预处理的姫松茸鲜菇，置于 -35～-30℃或更低温度下速冻后，分别装入塑料袋、塑料盒等容器进行包装，并于 -18℃低温下长久保存。基本工艺和操作步骤为：

（1）选料　选择菇体厚实、菇形完整的单生菇（连体菇要分成完整单个），清洗、去杂后备用（由菇盖中央至菇柄中央对半切开的也可）。

（2）护色　鲜菇采收后，运输途中易发生褐变。为防止变色，可用 0.5%的亚硫酸钠加 0.3%的维生素 C 混合后，制成护色液浸泡鲜菇，有较好的防褐变效果。

（3）预煮　使用连续预煮锅，把经护色、冲洗后的鲜菇于开水中预煮 5～8 分。预煮具体时间视菇体大小而定，要求煮至不过熟为度。

（4）漂洗　预煮过的菇体立即用流动清水冷却、漂洗，并再浸入 0.7%的维生素 C溶液中护色。

（5）分级　按整菇大小或切片菇体大小装袋或装托盘，每个分装物湿重 150 克或200 克，加入 2%的盐水或不加盐水，抽真空封盖、封袋。

（6）速冻　在 -35～-30℃低温下，一般 15～20 分内可达到完全冻结。

（7）冷藏　以上速冻制品应置于 -18℃低温冰柜中冷藏或销售。

速冻产品由于是快速加工完成的，能最大限度地保留鲜菇的形态、风味及营养，是目前最先进的一种加工方式。食用前，需先将速冻产品置普通冰箱中下层解冻，然后爆炒、做汤等食用，味美鲜香。

3. 盐渍加工

（1）鲜菇整理　按菇盖直径 4.1～8.0 厘米，或直径 2.1～4.0 厘米分级，去除菇柄老化部分及破碎菇、虫蛀菇等，保留 2～3 厘米长的嫩柄。

（2）护色　先用 0.6%的盐水洗去菇体表面培养料、碎屑等杂物；另用 0.05 摩尔/升的柠檬酸溶液（pH 为 4.5）漂洗，以抑制多酚氧化酶的残留活性，防止菇体变黑（褐），维持正常菇体颜色，延长运输、保存时间。

（3）漂洗　护色菇体进入加工前，要用流动清水反复冲洗，以除去菇体上的护色残液。

（4）烫漂　将冲洗后的菇体于 0.1%的柠檬酸开水中烫漂 4～6 分，使菇体细胞被杀死,酶活性钝化,增强菇体韧性,保持菇体固有形态,防止菇体加工过程中的破损。烫漂液与鲜菇的比例为5:2,烫漂容器为不锈钢锅或铝锅,忌用铁锅或铁器,以免菇体发生褐变。烫漂至菇体熟透而无白心为宜。

(5)冷却 迅速冷却捞出烫漂菇体,迅速置于流动冷水中尽快冷却至菇堆中心温度在30℃以下,防止其冷却不均匀,菇体腐败变质,然后捞出沥干。

(6)盐渍 将盐渍容器(缸或盐渍池)洗刷干净,每100千克菇体加入25～30千克食盐,按一层盐、一层菇(每层8～10厘米的厚度)依次分层摆放于盐渍容器内,直至容器肩部,注入冷却的饱和盐水。缸口或池口加盖用竹片或木条制成的压盖,压盖上用干净石块、砖块重压,使菇体浸没于盐液中。容器口用薄膜覆盖,防止灰尘落入。盐渍3天后倒一次缸,即将菇体取出,再一层盐、一层菇依次把菇体摆满容器。倒缸能使菇体吸足和吸均匀盐液。

(7)装桶 盐渍20天以上,倒缸3～5次,即盐渍成熟,可分装入盐渍菇专用塑料桶中。塑料桶要清洗干净,内衬一层专用厚质塑料袋。先捞出盐渍好的菇体,摊于筐、篮中,沥水至断线后,装入专用桶内,每桶装入菇体20～25千克,再加入重新配制的饱和盐水、调酸剂,浸没菇体,扎紧袋口,封住内、外盖,装入外包装木箱或硬质纸箱。箱面须注明产品名称、规格、重量、制造商等,并标明"轻放"、"向上"等字样,以备外运。

4.干制加工 姬松茸的干制有晒干、烘干两种方式,可以是整菇干制,也可以从菇盖中央至菇柄中央对切成两半后干制。采收前1～2天,应减少或停止向菇体喷水,以免增加干制的困难。

(1)晒干 采收以晴天为宜,采收后根据客户需要,加工处理。去除菇根及泥土时应用不锈钢刀或竹片削成的竹刀,按规定要求切除。及时将以上鲜菇经整理、切削,去掉脏物、杂屑等(尽量不要用大水冲洗)。将鲜菇置室外通风处,于晒席、竹帘上薄薄地摊开,菇盖向下。一般需2～3天才可基本晒干。为了达到足干,提升菇体香味、品质,在结束晒干后,应于室内烘烤灶55～60℃温度下烘1～2小时,使其含水量达到规定标准。晒干加工方法成本低,但遇到雨天,这一方法就不适用了。

(2)烘干 烘制过的姬松茸较只晒干的有明显的菇香,且能杀灭菇体内的虫卵、病虫害,延长干菇的贮藏时间。烘干时将整理过的鲜整菇或切片菇摆放于烘筛上,按大小分层排放,单层均匀不得重叠。目前适合加工烘干的设施有简易干燥箱与焙笼、烘房、干燥机等。下面逐一作介绍:

1)简易干燥箱与焙笼 简易干燥箱与焙笼均可自制。简易干燥箱是用砖砌70厘米高的底座,箱体用双层木板钉制,木板中间填以锯末或谷壳,作为保温材料。木箱两侧安两扇门,既可通风进气,又可添加燃料。木箱座在砖座上,用白铁皮隔离热源,距热源40厘米开始放烤架,烤架间距15厘米,架上放烤筛,筛孔不得小于1厘米。焙笼用竹篾编织而成,高约90厘米,直径约70厘米,中间有一托罩,距笼口30厘米。笼身用双层竹篾编织,中间夹报纸,以利保温。可用木炭或小电炉作热源。此法适合家庭少量生产。火候不易控制,烘量少,费时费工。

2)烘房 是目前生产中广泛采用的一种形式,适合大批量干制。其设备费用低,操作管理简便。烘房大小按需而定。升温方式多采取一炉一囱回火升温。炉膛设在烘房一端的中间,烟火沿主火道至另一端后,再从两侧的边墙回到设炉膛一端的烟囱排出。主火道上放镀锌铁皮覆盖,四周用泥糊严。烘房内设多层烤架,每层之间放置烘菇竹筛,层与层距离以容易取出为宜,但最底层距铁皮不能少于50厘米。房顶设有排气筒,两侧近地面处留有进气窗,可控制通风量。有条件的可装鼓风机加以通风。

3)干燥机 目前,国内生产的干燥机型号较多,采用热交换的形式也不同。如福建省农机研究所研究生产的SHB-30型食用菌干燥机,见图80。该机体积小,效率高,适用于木耳、香菇、姬松茸等的干制。每小时可干制木耳2.5~3千克,每千克干品干燥成本0.25~0.3元。可用煤炭和木材作燃料。郑州大山重工科技有限公司生产的智能化全自动烘干机,采用LCD显示屏,可显示整个烘烤过程的工艺曲线,自动化程度高,可以根据物料部位的不同设定不同的烘烤工艺,操作简便,全部汉字显示,见图81。

图80 小型电烘干机　　　　　　　　　图81 全自动智能化烘干机

4)其他干燥法

微波干燥:微波是指频率300~300 000兆赫,波长1~1 000纳米的高频电磁波。常用的加热频率为915兆赫和2 450兆赫。微波干燥具有加热均匀、干燥速度快、热效率高、反应灵敏、无明火等优点。但成本较高,烘干量较少。

远红外干燥:远红外线是指波长5.6~1 000纳米的光波区域。能穿透厚的物体,在物体内部产生热效应,使物体的外层和内层同时受热。其他的干燥方法,热量一般是从表面逐步向内部传递,所以远红外线干燥的产品质量较好,干燥速度快,效率高,节约能源等。但烘烤量较少,投资成本较高。

冷冻干燥:又叫真空冷冻升华干燥。先把新鲜产品冷冻至冰点以下,所含水分变为冰,然后在较高真空下将水分由固态直接升华为气态,产品即被干燥。例如,将经过清理、洗净的姬松茸放在一个密闭的容器里,经-20℃冷冻后放在高真空下,缓慢升温,经过10~12小时,达到升华干燥。

经冷冻干燥的产品浸在热水中几分即可复原,除了硬度低于鲜品外,风味几乎同鲜品没有什么区别。冻干产品质地很脆,必须用坚硬的包装盒包装。冷冻干燥成本高,此种干燥方法的前途取决于产品质量和成本。

（二）姬松茸深加工

1.姬松茸发酵保健饮料

（1）工艺流程　保藏菌种→斜面母种→摇瓶菌种→发酵产物→组织捣碎→热水浸提过滤→调配→均质→脱气→灭菌→真空灌装→检验→成品。

（2）操作要点

1）斜面培养　从母种试管中切出蚕豆大小的菌丝块接种于斜面的中部,于25℃培养10天。

2）发酵培养　将已活化的斜面菌种切割成黄豆大小的菌丝块,接种于一级摇瓶中,一支斜面接一瓶,500毫升三角瓶装培养基100毫升,以25℃、160转/分培养7～8天;二级摇瓶用500毫升三角瓶装120毫升,接种10%一级摇瓶菌种,以150转/分、26℃培养5天。发酵液呈淡黄色,有独特的姬松茸香味。

3）组织捣碎　将发酵液连同菌丝一起倒入组织捣碎机中,将其打碎成浆液。

4）热水浸提　将浆液置于60℃水浴锅中浸30分,以促使菌丝体自溶,有利于较多的营养物质溶于发酵液中,然后用离心机进行离心分离并过滤,得到发酵匀浆滤液,滤渣可重复匀浆、浸提一次,合并两次滤液。

5）风味调配　将甜味剂(白砂糖与蜂蜜按1:1混合)、酸味剂(柠檬酸)和发酵处理滤液分别配制成一定浓度的溶液。影响姬松茸饮料质量、风味的主要因素为:姬松茸发酵滤液的添加量、甜味剂的添加量和酸味剂的添加量。

6）均质脱气　将调配好的浆液加入稳定剂后均质,均质压力为15～20兆帕。均质后,将料液进行脱气处理,它适宜真空度为0.05兆帕,脱气10分。

7）灭菌及真空灌装　采用高温瞬时灭菌,灭菌条件:115℃,5秒。灭菌后进行真空灌装,并压盖密封。冷却后进行成品质量检验。

（3）产品质量标准

1）感官指标　色泽淡黄色;风味酸甜适中,具有姬松茸特有的清香,无异味;汁液质地均匀,体态滑润,无杂质,无沉淀,无分层现象。

2）理化指标　可溶性固形物10%;总酸(以柠檬酸计)0.5%;重金属含量符合国家标准。

3）微生物指标　细菌总数＜100个/毫升;大肠菌群≤6个/100毫升;致病菌不得检出。

2.姬松茸荔枝蜜

（1）工艺流程　姬松茸干菇→粉碎→水浴→用水浸提→冷却过滤→离心分离→浓缩→调和好蜜→检验。

（2）操作要点

1）粉碎　将选好的干姬松茸子实体放在植物样本粉碎机上粉碎。

2）浸提　准确称取50克姬松茸干粉,加入400毫升蒸馏水,用不锈钢提取锅在95℃水浴浸提3.5小时(有杏仁味逸出)。

3）过滤　将浸提液冷却后,先用干净纱布粗滤,然后通过120目筛过滤,测体积为390毫升。

4）离心分离　将过滤后的滤液经4 000转/分离心10分后,取上清液待浓缩。

5）浓缩　将上清液置于不锈钢浓缩提取锅中(水浴温度100℃),沸腾浓缩至体积为50毫升的高浓度浸提液,称取1.33克姬松茸高浓度浸提液,恒温干燥至恒重后得可溶性固形物为0.722克,计算所得可溶性固形物占高浓度浸提液的54.3%。

6）蜂蜜精制　将荔枝原蜜先经80目筛粗滤后,在300目离心(2 000转/分,20分)精滤,除去花粉颗粒等悬浮物。

7）调配　将高浓度浸提液与荔枝精制蜜按配比1:20,通过电动匀浆机均匀调配。

（3）产品质量指标

1）感官指标　色泽橙黄色或棕黄色;有蜜的甜润感,回味有杏仁味;组织均匀透明,无气泡,无肉眼可见杂物,无发酵症状。

2）理化指标　可溶性固形物含量>75.8%;折光率>14.6%;水分含量<23.5%;pH为4.5～5。

3.姬松茸菌丝饮料

（1）配料及配方

1）配料　姬松茸菌种、马铃薯块茎、葡萄糖、琼脂、羧甲基纤维素钠、白砂糖、食用柠檬酸、食用香料等。

2）配方　姬松茸菌丝粉0.3%～0.9%(菌丝粉粒度80～120目),羧甲基纤维素钠0.04%～0.12%,蔗糖9%,柠檬酸0.2%,山梨酸钾0.05%,水90.29%,食用香料适量。

（2）工艺流程

液体培养基→接种→菌丝体→过渡→精洗→过滤→干燥→粉碎→过筛→

包装备用

↓

软水溶解→调配→灭菌→灌装→压盖→冷却→入库

↑

羧甲基纤维素纳、柠檬酸、山梨酸钾、香料

（3）操作要点

1）姬松茸菌丝体粉制备　采用PDA液体培养基接种姬松茸菌种后,在摇床中于24～26℃下通气培养5～6天,然后滤出菌丝,用无菌水稍加淘洗后,滤水,于干燥箱中烘干,粉碎,过筛,包装备用。

2）姬松茸菌丝饮料制备　将蔗糖用少量软水溶解过滤,然后分别加入姬松茸菌丝粉、溶化的羧甲基纤维素钠、柠檬酸、山梨酸钾和香料,搅匀,最后补水至配方规定量。然后加热至沸,趁热灌入已灭菌的饮料瓶,压盖,冷却,入库储藏。

4.利用深层发酵培养姬松茸菌丝体制作软饮料　姬松茸具有防癌、降血脂和改善动脉硬化症等功效。用深层培养的姬松茸菌丝体制成的饮料,风味鲜美,营养丰富,并且富含促进儿童生长发育且增智的精氨酸与赖氨酸,是一种优质的保健饮料。

（1）工艺流程　菌种→斜面菌种→摇瓶菌种→发酵产物→组织捣碎→水浴浸提→过滤→破碎的菌丝球→水浴、浸提→滤液合并→过滤→调配→灌装→封口→杀菌→产品。

（2）操作要点

1）菌种活化　采用 PDA 培养基，在 26℃培养 12 天。

2）发酵培养　培养基配方：3% 玉米淀粉，2% 蔗糖，0.5% 酵母粉，0.3% 磷酸二氢钾，0.3% 七水硫酸镁，每 100 毫升加入 1 毫克的维生素 B_1。一级摇瓶采用 250 毫升三角瓶，装量 50 毫升，接 0.5 厘米^2 菌种一块，26℃下培养 9 天。二级摇瓶接 10% 液体菌种，置旋转式摇床，转速 220 转/分，26℃下培养 7~8 天。

3）水浴浸提　发酵产物经组织捣碎机捣碎，在 60℃水浴条件下浸提 1 小时后过滤。滤出的破碎菌丝球，加定量水后在 80℃水浴中浸提 1 小时后过滤，收集两次滤液，进一步细滤，然后用白砂糖、柠檬酸等调配、装瓶、封口、杀菌得饮料成品。

（3）产品质量指标

1）感官指标　呈淡黄色，具有姬松茸特有的清香。

2）理化指标　总酸（以柠檬酸计）0.15~0.20 克/100 毫升；总糖（以折光计）10%~20%；防腐剂 <0.2 克/千克。

3）微生物指标　细菌总数 ≤100 活菌/毫升；大肠菌群 ≤6 个/100 毫升；致病菌不得检出。

5. 果脯、糕点类　将碎菇与果脯或糕点结合，制成果脯、糕点。

6. 罐头类　将姬松茸加工成罐头制品，达到较长期保存的目的。

7. 医药、保健食品和美容制品　利用姬松茸中具有疗效的药用成分，直接提取多糖，加工成多糖胶囊。利用水浸法制成姬松茸菌片，对防治糖尿病、高血压有明显疗效。如糖尿病和高血压患者，每天食用 20 克姬松茸干菇，加水煮沸，取浸出液食用，服用短期即有明显疗效。

8. 姬松茸多糖提取　姬松茸中含有丰富的药效成分，在防治糖尿病、降低高血压和抗癌等方面都表现出良好的药理作用。姬松茸多糖的抗肿瘤活性高于云芝、灵芝、猪苓、香菇、树舌等，其多糖可以从子实体、菌丝体和培养液中提取。现介绍用子实体提取多糖的方法。

（1）工艺流程

$$子实体→切碎→水煮→滤液→浓缩→\begin{bmatrix}乙醇沉淀\\碱液沉淀\end{bmatrix}→分离多糖→干燥→粉碎→多糖粉。$$

（2）提取方法

1）选料　选取无病虫害、无霉变、无污染，洗净的子实体做原料。

2）切碎　将子实体用捣碎机或机械切成米粒大小的颗粒。将原料切碎，是为了浸提出更多的多糖成分。

3）水煮　将粉碎后的子实体放入不锈钢锅中，加入 8~10 倍量的去离子水，浸提 1

小时,过滤,取其滤液。再将残渣加水煮沸浸提 1 小时,过滤取其滤液。最后将两次滤液合并在一起。

4)过滤 将子实体浸提液,用多层纱布过滤,或用离心机分离,去掉残渣后,取其滤液做提取多糖用。

5)浓缩 由于子实体浸提液数量大,多糖浓度低,故需浓缩后才有利于提取多糖,以减少乙醇、氢氧化钠等的用量。

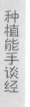

诚 告 家 行

浓缩方法:有加热法、真空法和真空薄膜法等。加热浓缩法所需时间长,但不需要专门的设备,而真空浓缩法和真空薄膜浓缩法,浓缩时间短,效率高,但需要真空浓缩设备。加热浓缩的方法是,将滤液加热到100℃,不断搅动,使其蒸发,滤液体积减小,多糖浓度增大。当浓缩至原液的1/3 左右时,即终止浓缩。

6)沉淀 由于姬松茸多糖不溶于乙醇、丙酮和丙醇等有机溶剂,因此,可利用这些有机溶剂,将浓缩液中的多糖通过沉淀分离出来。其做法是:将浓缩液装入不锈钢锅中,然后加入浓缩液 3 倍量的乙醇,使溶液的乙醇浓度达73% 左右。边加乙醇,边搅动,让多糖与乙醇均匀地混合,并沉淀下来。

7)分离 浓缩液中加入乙醇搅拌均匀后,将其静置,促使多糖尽快全部沉淀。用虹吸管小心吸去上清液,过滤出沉淀物。也可用离心法将沉淀物分离出来。

8)干燥 将分离出的多糖,摊放在搪瓷盘中,使之成一薄层。然后把它放入烘箱中,在65℃的温度条件下干燥或把它放入干燥箱内,进行真空干燥。

9)粉碎 干燥后的多糖,多为结块状。因此,要将多糖放入粉碎机中粉碎,再用 60 目筛,所得粉末即为姬松茸多糖粉。

9.姬松茸片剂、冲剂、软胶囊加工 据隅谷利光报道,在第 39 届日本癌病学总会(1980 年)和第54 届日本药理学总会(1981 年)上,日本学者伊藤均和志树圭四郎等相继发表姬松茸抗肿瘤及生物活性的研究报告,开创了以姬松茸干品替代猴头菇、灵芝等药用菌的新局面。姬松茸子实体干品、液体深层发酵制成的菌丝体被相继加工成片剂、冲剂、软胶囊等产品。现参照林树钱等的资料介绍如下:

(1)原料制取

1)水提取乙醇沉淀法

第一步:水浸提。将姬松茸子实体干品或菌丝体干品,粉碎成粉末或直径为 0.5 ~ 1.0 毫米的细颗粒,将粉(粒)状物置于夹层锅中,加入提取物干重13 倍量的去离子水,夹层中通入蒸汽加热至85 ~100℃,搅拌均匀并煮汁提取2.5 ~3 小时,放出第一次提取液,残渣仍留锅内,加入提取物干重12 倍量的去离子水,再搅拌均匀,煮沸熬汁 2 ~2.5

小时,放出第二次提取液。去滤渣,将两次提取液合并,通过折叠式过滤器去除溶液中0.1微米以上的微粒胶体、悬浮物等杂质,浓缩至每毫升浓缩液合1克生药量。

第二步:乙醇沉淀。往上述浓缩液中加入95%的乙醇并不断搅拌,使醇含量达70%,静置或过滤,收集粗多糖沉淀,经干燥、粉碎后得到多糖粉剂。过滤液再经减压回收乙醇。上述浓缩液、粉剂等可制成糖浆、粉剂、片或灌制成胶囊等。

2)乙醇提取水沉淀法

第一步:乙醇提取。将姬松茸子实体干品或菌丝体干品等破碎成粒状或粉状,于不锈钢提取罐中加入姬松茸干重8倍量的50%的乙醇,夹层加热回流2小时,放出第一次回流液,再用60%或70%的乙醇回流浸提第二次。合并两次回流提取液,通过折叠过滤器或静止48小时。清液经减压回收乙醇,浓缩至每毫升浓缩液合1克生药量。

第二步:水沉淀。往上述浓缩物中,加入等量的温度为70℃的蒸馏水并不断搅拌,加入0.1%的山梨酸、0.4%的苯甲酸钠等防腐剂,使之充分混合溶解,折叠过滤器过滤或静止沉淀48小时,再去除上清液,沉淀。滤渣经减压浓缩即成菌膏。浓缩的膏状物可制成酊剂或干制成粉剂。

(2)不同药用制剂的生成

1)姬松茸片剂　取上述姬松茸浸膏或粉剂适量,加入可溶性淀粉或其他赋形剂,拌和均匀,过筛即得姬松茸粉剂。称取该粉剂,加入粉剂量的0.5%的硬脂酸镁及适量润滑剂,送压片机压片,并于片剂外包一层糖衣,于60℃下烘干。每片含干浸膏150毫克,片重0.3克。每日服1~2次,每次服用1~2片。

2)姬松茸冲剂　称取姬松茸浸膏或粉剂适量,加入β-环状糊精、糖拌匀,送颗粒机制粒,于55℃±5℃温度下烘干,过12~14目筛,装袋,每袋装量1克。每日早、晚各服1次,每次1袋。

3)姬松茸胶囊　取姬松茸浸膏或多糖粉剂,加入淀粉等赋形剂,拌和均匀,过80目筛,装入胶囊即成。每丸装多糖粉0.1克或浸膏0.2~0.3克。每日服用1~2次,每次服多糖胶囊1粒,或其他胶囊1~2粒。

4)姬松茸袋茶　取姬松茸浸膏1千克,加成品茶叶或茶叶末1千克拌和均匀,60℃温度下烘干,再揉搓成碎米粒大小,用茶叶分装机装袋,每袋装1克,置干燥处贮放。

5)姬松茸片　姬松茸子实体经切片、干燥,可以直接用开水冲泡当茶饮。每次3~5克,茶色黄褐、透明、亮丽。开始服用时略有杏仁味,经常服用,比饮普通茶更有妙不可言的轻松之感。

6)姬松茸饮料　取姬松茸子实体提取液或菌丝体发酵液过滤后,将其清液经薄膜浓缩至密度为1:1。取浓缩液200千克,加砂糖15千克,柠檬酸0.5千克,3%的β-环状糊精及蜂蜜适量,苯甲酸钠0.04%,拌和均匀后分装、排气、封盖、灭菌、检验后即为成品,每日服2次,每次5~10毫升。

以上姬松茸深加工产品均为试制性食品级保健饮品,产品标准均应达到国家食品卫生相关标准。

10.培养废料加工　姬松茸培养废料可制作沼气、肥料和激素等。

专家点评

十一、关于姬松茸的常见病虫害防治问题 ‥‥‥‥‥‥‥ ◆

姬松茸栽培中病虫害的发生和危害越来越严重,在栽培中一旦被病虫危害,轻者造成减产,重者则绝收,并造成环境污染和经济损失。为此,了解姬松茸栽培中杂菌和病虫的种类、形态特征、传播途径、危害情况和症状,并采取有效的防治措施,是栽培姬松茸的一项重要工作。

姬松茸栽培中病虫害的发生和其他食用菌一样,比植物遭受病虫害情况更为复杂,主要特点为:

第一,引发姬松茸感染病害的病原菌多数为微生物,如真菌、细菌、病毒等,它们要求的营养和环境条件与姬松茸极为相似,适于姬松茸生长的环境也同时适于病原菌的生长。

第二,姬松茸培养料主要由粪草组成,具有疏松多汁的特点,极有利于病原菌栖息藏身,而防治手段往往难以达到培养料深层。

第三,姬松茸是人们食用的无公害食品,一般禁止使用农药。

第四,某些物理方法如高温、射线等虽能消灭病原菌,但同时也会杀死姬松茸菌丝,所以不可能作为防治手段。

以上这些特点,决定了姬松茸的病虫害问题,防除是次要的,预防是特别重要的,要贯彻"预防为主,综合防治"的方针。

知识链接

(一)姬松茸常见的病害种类

在姬松茸栽培中,由于不适宜的环境条件的影响或有害生物的侵染,使姬松茸生理机能的正常代谢受到抑制或破坏,导致姬松茸菌丝体、子实体及助其生长的培养料出现异常状态,使姬松茸不能正常生长,一般称作病害。姬松茸病害,按患病原因可分为病原性病害和非病原性病害。

1.病原性病害　主要由微生物引起的病害,这些病害中有的是以姬松茸菌丝体或子实体为营养源,寄生在姬松茸上,严重影响生长,甚至引起姬松茸死亡,它们既有病状、病征,又有明显的传染性和扩展性,常见菌丝体消失或子实体变色、生斑、下凹、软腐、萎缩、畸形等。如细菌性腐烂病、真菌软腐病、黏菌腐烂病、姬松茸病毒病。而更多的是竞争性杂菌,类似于农作物的杂草危害,其主要危害是姬松茸菌丝及其培养料。即我们常说的竞争性杂菌,如木霉、链孢霉、青霉、根霉、毛霉、鬼伞等。

(1)白色石膏霉　白色石膏霉又名臭霉菌、白粉菌、粪生帚霉。常发生在姬松茸、蘑菇、平菇、草菇菌床上,见图82。

图82　白色石膏霉

1) 症状　该菌多发生在培养料或覆土层表面,发病初期在料面上出现白色斑块状短而密的绒毛状菌丝,并逐渐变成白色石膏状的粉状物,最后变成粉红色粉状颗粒。菌丝自溶后,使培养料发黑、变黏,产生恶臭味,抑制姬松茸菌丝生长。

2) 防治方法　①合理堆制培养料,掌握好料水比和发酵温度,使其充分发酵,获得和使用优质发酵料。②在培养料中加入适量的过磷酸钙和石膏,降低 pH,防止培养料偏碱。③局部发生时用 1 份冰醋酸对 7 份水的溶液,浸湿病区。大面积发生时,可用多菌灵 500 倍液或 5% 石炭酸喷雾杀菌。④加大通风换气,降低湿度。

(2) 胡桃肉状菌　胡桃肉状菌又叫假块菌、菜花菌、小牛脑菌。该菌主要危害姬松茸、蘑菇、平菇等菇床上的菌丝,发展迅速,是姬松茸生产中有较大威胁的杂菌。

1) 症状　在覆土层或培养料中出现不规则成串的畸形小菇蕾状杂菌,见图 83。发病前培养料发出一种刺鼻的漂白粉气味,初发时在料内、料面或土层中出现短而密的白色菌丝,继而形成似胡桃状的子囊果,奶油色至淡红色。子囊破裂则放出大量孢子,在病区产生子囊果,与姬松茸争夺营养,严重时,会使姬松茸菌丝消失。培养料变黑,造成减产或绝收。

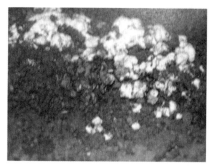

图 83　胡桃肉状菌

2) 防治方法　①胡桃肉状菌是发生于堆肥和覆土的霉菌引起的,因此,要避免培养料被污染,防止污染胡桃肉状菌的土壤混入堆肥中,覆土时土壤要进行暴晒数日后再用。②不要使用感染胡桃肉状菌的菌种。③培养料按规定的温度和时间进行二次发酵,要防止培养料过厚、过热,并注意通风换气。在培养料堆制时期,可加入一定的石灰,防止过酸。④做好卫生管理,在料中拌入 25% 多菌灵 800 倍水溶液,杀死潜伏的菌体。用 25% 多菌灵 400 倍水溶液对菇房及周围环境进行消毒。⑤胡桃肉状菌没有有效的防治方法。菇床局部发生污染后,要立即停止喷水,用石灰水浇灌或用 2% 福尔马林水喷洒,加大通风量,使其干燥后挖去污染的培养料和覆土。再用 50% 施保功 200 倍溶液喷洒,有一定的杀菌效果。

(3) 棉絮状霉菌　棉絮状霉菌又叫棉花絮杂菌,病原菌为可变粉孢霉,因此又名可变粉孢霉。

1) 症状　该菌初期在菇床覆土层内出现白色毛状菌丝,以后逐渐形成很旺的气生菌丝,成为一团团形似棉絮状的白色菌丝团,严重时菌丝团可铺满覆土表面。菌丝萎缩后,呈粉状,灰白色,生长后期这些白色粉状菌丝产生橘红色颗粒状孢子,后变为橘红色。棉絮状霉菌主要来源于培养料的粪块和覆土。在菌床上大量发生时,抑制姬松茸菌丝生长,发病区出菇稀少,菇小,严重时不出菇。

2)防治方法　①培养料要合理堆制,并使其充分发酵,覆土要进行消毒处理。②用50%多菌灵可湿性粉剂800倍药液拌料,有明显的预防作用。当棉絮状菌丝在土表上出现时,用多菌灵500倍液或600倍液的甲基硫菌灵喷洒,有明显的防治效果。在出菇之前,喷多菌灵500倍药液进行预防。

(4)黏菌　危害姬松茸的黏菌主要为团网菌、发网菌和绒泡菌等。

1)症状　黏菌分布广泛,阴湿环境中的枯草、朽木、树皮、落叶、青苔以及肥沃的土壤上最多,见图84。对菌丝体和子实体都能危害。危害后呈黏液状物,用手接触时,有黏手感觉,稍提起后即呈网状。其颜色有黄色、黄白色、浅白色或近无色等。呈半流体状伸展,前端稍规则,后端呈网络状。姬松茸被黏菌侵染后,姬松茸菌丝体消失,菌袋变软,并产生臭味,严重者引起子实体的原基腐烂。

图84　黏菌

2)防治方法　①加强菇棚地面和覆土材料的消毒处理,应选择无黏菌病史的地点做菇场。培养料做好堆制发酵。料内可加入2%左右的石灰水。②培养室要保持干燥,加强通风换气,防止出现潮湿。在出菇期进行喷水保湿时,要用干净水,如井水、自来水等,不能用池塘污水来喷雾保湿,否则很易出现黏菌危害。③菇床一旦发生黏菌危害,要立即通风降湿或日晒干燥,及时将原质团连同感病培养料和土壤深埋或烧毁处理。菌床感病部位用石灰粉加漂白粉覆盖,以控制病害再度发生。菇床感病严重时,则需按上述措施反复进行数次,覆土材料也要考虑重新更换,处理后的菇床要暂停喷水,待气温降低或病害得到控制后再恢复正常产菇管理。

(5)木霉　又称绿霉。木霉有很强的腐生兼寄生能力,致病力强,危害很大。危害姬松茸的主要为绿色木霉和康氏木霉。

1)症状　木霉侵染初期,先产生白色棉絮状菌丝,后从菌丝层中心向四周扩展至边缘,呈浅绿色,最后转为深绿色且出现粉状物的分生孢子。木

霉轻度污染菇床时,只出现局部绿色斑块,见图85、图86,抑制姬松茸菌丝生长,污染严重时,能布满培养料表面并深入料内,使菌丝逐渐消退,导致栽培失败。

图85　木霉分生孢子

1.孢子着生状　2.小梗　3.菌丝

图86　木霉

2)防治方法　①经常对培养料、栽培场、工具等进行消毒,保持周围环境干净。②在菌种生产时,灭菌要彻底,接种后科学管理,确保菌种质量,不使用有污染的菌种。③使用的培养料要新鲜,无木霉感染。在配制培养料时,要加入石灰调节 pH 至 8~9,造成碱性环境,抑制木霉生长。或在配制培养料时,按其干重加入 0.1% 的 50% 多菌灵可湿性粉剂,都有较好效果。④菌袋接种时,严格无菌操作,防止带入木霉杂菌。培养室要干燥,空气流通,培养温度以 22~25℃ 为宜。因为在高温高湿条件下,极易感染木霉。⑤在菌丝培养期间,如出现木霉感染,要及时处理,轻者在早期可采用多菌灵、石灰液等进行局部注射封闭方法,来抑制木霉生长。或将局部污染料块轻轻挖掉,然后再喷洒、涂抹 50% 多菌灵可湿性粉剂 800 倍液或 10% 石灰水,也可在患处撒石灰粉,重新补上新料。⑥被木霉侵染特别严重又不易防治的,要深埋或烧掉,以防木霉菌孢子散发、蔓延。

(6)链孢霉　又称红色面包霉、脉孢霉、串珠霉。该菌是制种和菌袋生产中最常见的一种杂菌。

1)症状　链孢霉菌丝生长极快,培养料被污染后,几天内就可长满瓶或袋,并很快长出分生孢子,在料面上形成红色或橙红色的蓬松霉层,见图87、图88。链孢霉传染极快,孢子落在培养料上或封口纸上或受潮的棉塞上,在高温高湿的条件下,很快就萌发生长,繁殖蔓延,重复侵染的速度极快,如得不到及时治理,会造成菌种、菌袋大批报废和生产环境恶化,严重时能造成绝收。

图87 链孢霉分生孢子　　　　　　　图88 链孢霉

1. 孢子团　2. 分生孢子链　3. 分生孢子

2）防治方法　①要搞好环境卫生,定期进行消毒,不给链孢霉滋生和传播的机会。②培养料要灭菌彻底,生产菌种和菌袋的封口物,如棉塞、报纸等避免受潮。③培养室内注意通风,降低湿度,保持干燥。可以在培养室内外及瓶塞上撒石灰粉除潮。④发现链孢霉时,不要轻易喷药,以防分生孢子四处扩散。可用0.1%煤酚皂溶液蘸湿的纱布轻轻包住瓶口及棉塞,并将其送出室外埋掉或烧毁;或用石灰粉撒在污染部位,再用0.1%高锰酸钾溶液浸纱布或报纸覆盖,小心挖掉污染部位,防止扩散。⑤在污染部位注射0.1%多菌灵或煤油、柴油,抑制链孢霉菌丝生长和孢子萌发,控制扩散,从而使其不受危害。

（7）青霉　青霉是姬松茸制种和栽培过程中广泛引起污染的一种杂菌。

1）症状　该菌侵染培养料后,初期菌丝白色或黄白色的绒毯状菌落出现,1~2天后分生孢子大量产生,颜色逐渐由白色转变为浅蓝色或绿色,形成粉末状菌落,菌落外围白色,扩展较慢,局限性生长,见图89。被青霉污染后,姬松茸菌丝生长受到抑制或不能生长。

图89 青霉

2）防治方法　青霉在28~32℃的温度下极易发生。其菌丝生长适温为20~30℃,空气相对湿度在80%~90%,高温、高湿和通气不良情况下发展迅速。在培养基含水量偏低,pH偏酸,姬松茸菌丝长势弱时,有利于青霉的生长。防治方法与绿霉相似。

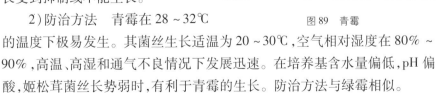

（8）毛霉　毛霉又名长毛霉。属真菌门，接合菌纲，毛霉目，毛霉科。

1）症状　毛霉对环境的适应件较强，生长迅速。受污染的培养料，初期长出灰白色粗壮稀疏的菌丝，其生长速度极快，在几天内可长满菌袋和菌瓶，后期菌丝顶端形成很多圆形黑色孢子，见图90。姬松茸感染毛霉后，仍能生长出菇，但产量降低。

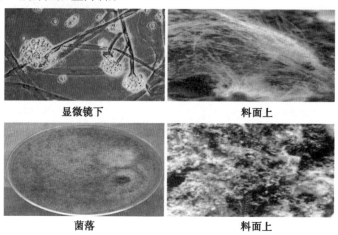

显微镜下　　　　　　料面上

菌落　　　　　　料面上

图90　毛霉

2）防治方法　毛霉在高温、高湿条件下生长极为迅速。在姬松茸制种和栽培过程中，灭菌不彻底，消毒不严格，培养料水分过大，培养温度过高，棉塞受潮等都易造成污染。防治方法可参考木霉。

（9）鬼伞　俗称"黑帽菌"，是污染姬松茸菌床，与其竞争营养和水分的竞争性杂菌。

1）症状　鬼伞污染菌床时，培养料上无明显鬼伞菌落，但料温较高，并伴有"烧菌"和料色变深发黑症状。鬼伞子实体出现后，生长快，寿命短，子实体液化腐烂后，有墨汁状黏液，还能诱发其他病虫危害。凡发生过鬼伞污染的菌床，均对姬松茸生长有一定影响，有时造成不出菇。

2）防治方法　鬼伞发生多是培养料内游离氨多或含氮量高，培养料发酵不好，发菌期料温高，通气性差，菌床通风散热措施不力等原因造成。其控制措施为：①选用新鲜、干燥、无霉变的稻草、小麦草等原料，并在使用前暴晒2~3天，以杀死残留在原料内的鬼伞孢子和其他杂菌。②培养料的碳氮比和pH要合理配置，防止培养料水分过大，堆制时间适当，料堆温度65~70℃，培养料要完全腐熟。③菌床上一旦长出鬼伞，要及时拔除，以防蔓延。④每潮菇采收后，特别是出菇中后期，要定期喷洒2%石灰水，提高pH至8~8.5。

2. 非病原性病害　即常说的生理性病害，主要是不良环境条件引起的，如营养、温度、湿度、空气、光照、pH等，由于没有病原菌参与，发病时只有病状而无病征，因而不会相互传染，一旦不良环境得到改善或消除，病状便不再继续，一般都能恢复正常的生理活动状态。生理性病害常见是菌丝生长不良、菇体畸形、变色等。

（二）姬松茸常见害虫种类

姬松茸的害虫是以姬松茸生产中的培养料、姬松茸菌丝或子实体为食料，借以维持自己种群繁衍的昆虫或其他动物的统称。其中绝大多数是双翅目、鞘翅目、鳞翅目、弹尾目的昆虫，还有蛛形纲的部分螨类、软体动物的部分蛞蝓和线形动物的部分线虫等。

姬松茸害虫的危害是直接吃食姬松茸菌丝体和啃食子实体。有的也兼食培养料。姬松茸害虫发生后，会造成菌丝体受伤、死亡、消失，并加快培养料腐烂，导致子实体残缺不全，使菇体商品性降低。此外，害虫又是病原物的携带者、传播者，虫害暴发危害，极易引起病害的流行蔓延。

1. 眼菌蚊 又叫尖眼菌蚊、菇蚊、菌蛆、白蛆等。属双翅目眼菌蚊科，见图91。

（1）侵入途径与危害 尖眼菌蚊的卵、幼虫、蛹主要随培养料进入菌床，其次是随土壤进入，成虫则直接飞入菇场产卵繁殖。

成虫对姬松茸不直接造成危害，但能携带病原菌、螨类进入菌床，是病虫害的传播媒介。幼虫是直接危害者。幼虫取食菌丝体、子实体和培养料。幼虫可在培养料内穿行觅食，能把菌丝咬断吃光，造成"退菌"，并使料面发黑，成为松散渣状，见图92。子实体受害后发黄，表面形成许多凹槽，排出大量粪便，大大降低商品质量。

图91 眼菌蚊成虫及幼虫

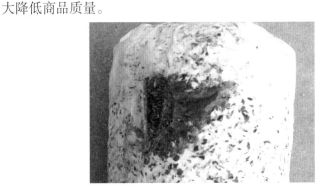

图92 眼菌蚊危害症状

（2）形态特征 成虫体小，暗褐色，体长2~4毫米，复眼大，1对，黑色，顶部尖;触角丝状,16节,长约1.5毫米;前翅发达,后翅退化为平衡棒,翅长2.5毫米左右,宽1毫米左右,3对足细长,褐色。幼虫蛆状,胸部及腹部乳白色,无足,头部黑色,有一较硬的头壳,大而突出,咀嚼式口器,发达。卵椭圆形,初淡黄绿色,孵化前无色透明。

（3）防治方法

1）搞好环境卫生,进行必要的药物处理　要特别注意搞好栽培场地的环境卫生,减少虫源。门窗和通气孔可安装60目的纱窗、纱门,防止成虫飞进。同时,菇房在使用前用80%敌敌畏乳油800倍液体喷洒;老菇房1米^{2}用80%敌敌畏乳油2~3毫升。加38%福尔马林5~7毫升进行熏蒸消毒,或用硫黄熏蒸。栽培过程中产生的废料、死菇及其他废弃物及时清除干净,避免留下隐患。

2）选用优质培养料　培养料堆制宜采用二次发酵法或增温剂床式发酵法,以便杀死料中的虫卵、幼虫和蛹。严重生虫的培养料,最好采用熟料栽培。菌床覆土材料也需用杀虫药物处理,以控制菌蚊过早入侵。

3）药剂防治　在菇床上虫口密度大时,可用2.5%溴氰菊酯2 000~3 000倍液,20%速灭杀丁和10%氯氰菊酯1 000倍液喷雾可防治成虫;90%敌百虫结晶800倍液进行喷洒床面、料面或覆土,可防治幼虫。施用上述药剂,应在采菇后喷洒。也可用微生物杀虫剂苏云金杆菌制剂进行生物防治。

4）诱杀　利用黑光灯或高压静电灭虫灯诱杀。可在室内安装一盏3瓦黑光灯,下放糖水盆,盆内加几滴敌敌畏,可诱杀大量成虫。使用高压静电灭虫灯时,要注意安全,切勿触及高压电网。

2.瘿蚊　瘿蚊又名瘿蝇、小红蛆等,属双翅目瘿蚊科。

（1）侵入途径与危害　瘿蚊成虫可直接飞入防范不严的菇房、菇棚,其卵、蛹、幼虫及休眠体,主要通过培养料或覆土带入菌床。

瘿蚊主要以幼虫危害姬松茸。幼虫在培养料及覆土中大量繁殖。它可取食菌丝和培养料,从而影响发菌,使菌丝衰退;在子实体生长发育阶段,可使菇蕾生长停滞或渐渐萎缩死亡。在食物短缺时,幼虫会停食和化蛹,能进行幼体生殖。成虫是病虫的传播媒介,成虫产卵死亡后的尸体黏附在菇体上影响商品外观。

（2）形态特征　成虫头尖体小,头和胸黑色,腹部和足淡黄色,体长1毫米左右;复眼大而突出;触角细长,念珠状,16~18节,每节周围环生放射状细毛;前翅密生细毛,后翅转化为平衡棒,足细长。卵长椭圆形,初乳白色,后变淡黄色,长0.25~0.28毫米。幼虫纺锤形或长条形,无胸足及腹足,蛆状。初孵幼虫白色,体长0.25~0.3毫米,老熟幼虫橘红色或淡黄色,体长2.3～2.5毫米,体分13节;头尖,不骨质化,口器不发达。蛹为裸蛹,长1.5毫米左右,头顶有2根刚毛,胸部白色透明,腹部橘红色。不同时期的瘿蚊见图93。

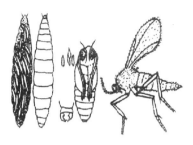

图93　瘿蚊

（3）防治方法　基本与眼菌蚊防治方法相同。采用卫生防治、生态防治和药剂防治。在姬松茸栽培中,如发现瘿蚊幼虫危害,可停止喷水,降低湿度,使其干燥,幼虫即停止生殖,因缺水而死亡。

3.蚤蝇　蚤蝇俗称菇蝇、菌蝇、菌蛆、厕蝇等。属于双翅目果蝇科的昆虫。主要种类有食菌果蝇、黑腹果蝇、厕腐蝇等,见图94。

（1）侵入途径与危害　蚤蝇成虫活泼,有趋光、趋腐性,从菇房外飞入,产卵于料中。卵、幼虫、蛹主要随培养料进入菌床。

图94　蚤蝇成虫及幼虫

蚤蝇幼虫可危害姬松茸的菌丝、子实体和钻蛀培养料。当危害菌丝时,使菌丝迅速衰退。菇蕾受害后,颜色变褐,枯萎腐烂,并布满蛀孔。幼虫在培养料穿行,还可使培养料变质,导致杂菌发生。幼虫危害子实体时,从基部蛀入,蛀食菌柄和菌盖,留下许多孔洞,从而降低姬松茸商品价值,见图95。

图95　蚤蝇危害症状

（2）形态特征　成虫较菌蚊粗壮,黑色或黑暗小蝇,长2～5毫米,头小胸大。复眼大,触角短。幼虫蛆状,体小,乳白色或浅黄色,头部较尖,无头壳,尾部较钝,体长4毫米左右。蛹包在幼虫皮内,两端细,腹面平。

（3）防治方法

1）卫生防治　应注意栽培场所的清洁卫生,及时清理室内外废物及死菇,并定期在室内外喷洒敌敌畏及溴氰菊酯3 000倍液等药剂杀虫。

2）诱杀　由于幼虫常常在培养料中,很难被杀死,因此在成虫出现时,要及时杀灭,可采用高压电网"杀虫灯"诱杀,或用酒:糖:醋:水 = 1:2:3:4的糖醋液或烂水果,在其中加入少许敌敌畏放入盘中,在晚上置灯下诱杀。

3）药剂防治　有菇蝇发生时,出菇前可用0.1%敌敌畏或0.05%溴氰菊酯,或0.1%鱼藤精喷洒或在100米³的菇房,用500毫升敌敌畏熏蒸。但若有菇蕾或子实体生长时,不能用药。可提前收菇,或在转潮养菌期杀虫。

4.螨类　螨类又名菌虱、红蜘蛛。分布广,食性杂,是危害姬松茸的主要害虫,见图96。

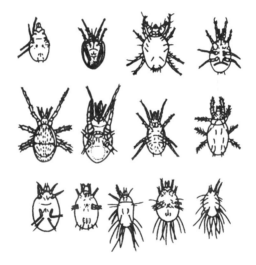

图96　各种螨虫成虫

（1）侵入途径与危害　螨类主要潜藏在厩肥、饼粉、培养料内,饲料、粮食等谷物仓库,以及禽舍畜圈、腐殖质丰富等环境卫生差的场所。螨类可随气流飘移,借助昆虫、培养料、覆土材料、生产用具等为媒介扩散,侵入姬松茸菌种和菇床上。

螨类在姬松茸生产的各个阶段均可造成危害。在菌种生产和栽培过程中,可直接取食菌丝,造成菇蕾枯萎、衰退,严重时能把大部分菌丝吃光。在子实体形成阶段发生螨害,可咬食菇蕾,造成菇蕾枯死、萎缩;同时螨类可传播病菌,见图 97。

(2)形态特征　螨类形似蜘蛛,圆形或卵形,体长 0.2 ~ 0.7 毫米,肉眼不易看清。与昆虫的主要区别是:无翅、无触角、无复眼。幼螨有 3 对足,成螨有 4 对足,身体不分节,身体只分额体和躯体两部分,体表密布长而分叉的刚毛,体色多样,有黄褐色、红色、肉色,口器分为咀嚼式和刺吸式两种。在菇床上常见的为蒲螨、粉螨和红蜘蛛螨。螨类一生经过卵、幼螨、若螨和成螨 4 个发育阶段。

图 97　螨类危害症状

(3)防治方法

1)搞好环境卫生　要搞好菌种培养室和菇场周围的环境卫生。对培养室和菇房在使用前要喷洒扫螨特、敌敌畏或者用磷化铝进行密闭熏蒸杀虫。

2)高温杀虫　培养料要进行高温堆制或二次发酵,或培养料和覆土材料使用前置于阳光下暴晒 2 ~ 3 天。

3)选用优质菌种　严格把好菌种关,勿使菌种带螨。要经常对螨虫进行检查。简易的方法是:取少许菌种生长稀疏或菌床小样,置于玻璃上或薄膜上,用灯泡加热或在阳光下暴晒 30 分,再用 10 倍放大镜检查。如有螨类存在即可看出螨类形态特征。

菌种中出现螨虫危害后,必须用高温进行处理,杀死螨虫后,再将培养料挖出,切勿不杀死螨虫,就挖出培养料来用,这样螨虫就会大量繁殖,加重危害。

4)诱杀　取糖 5 份,醋 5 份,水 90 份配成糖醋液,再将纱布浸入液中后取出略拧干,铺在菌床上,布上摊放少许炒黄发香并用糖水拌过的麸皮或米糠,诱导害螨爬上取食。待饵料变细时,及时收取放入沸水中浸烫,然后按上述方法重复进行,可有效降低害螨的数量。也可将骨头烤香后,放置菌床各处,等害螨聚集在骨头上时,将其投进开水中烫死。骨头捞出再用。或在菌床上每隔一定距离放几片新鲜烟叶,利用烟叶的独特香味,将害螨诱上后取下烧掉,然后再放上新的烟叶。

5)药剂杀虫　螨害一旦发生,可喷洒 20% 三氯杀螨砜 1 000 倍液,73% 克螨特 2 000 ~ 3 000 倍液喷洒菇房、床架、培养料。但菇床已出菇需采收后或养菌期间喷洒,防止子实体上残留农药。

5.线虫　线虫属于无脊椎的线形动物门,线虫纲。线虫种类繁多,已定名的约有 10 000 种,其中粒线虫、滑刃线虫等危害较大,见图 98。

图98　各种线虫成虫

（1）侵入途径及危害　线虫主要由培养料和水源带入菇房。通常在阴雨天、闷湿和通风不良情况下发生。

受线虫侵害，料层及土层菌丝消失，培养料变黑，有臭味，子实体停止生长，出现枯萎。死菇菇盖呈褐色，有一股难闻的鱼腥臭味，挤出病菇汁液，镜检可看到线虫。线虫在菇体组织中穿梭活动，使细菌进入造成烂菇。同时，线虫能分泌一种毒素，毒害和抑制菌丝生长，见图99。

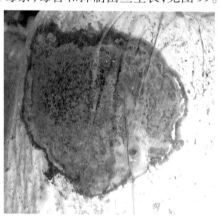

图99　线虫危害症状

（2）形态特征　线虫体形酷似蛔虫，体型极小，直径约0.09毫米，体长0.9毫米，肉眼不易看见。虫体通常呈长形，两端稍尖，不分节，是一种线状蠕虫。线虫繁殖很快，幼虫经3～5天就能发育成熟，并可再生幼虫。线虫喜湿、喜中温，耐干旱本领特强，遇到干旱呈假死状态。线虫很难根除，常潜伏在床架材料内，培养料废料内，可从这一季菇传到另一季菇。

（3）防治方法

1）卫生防治　培养料要新鲜、干燥，不带虫源。采收时，要及时清除烂菇和杂物，下床的姬松茸培养废料，应远离菇房。拌料及子实体生长时用水要干净，以免带入虫源。

2）加强出菇管理　出菇期间喷水保湿时，要加强通风换气管理。

3）药剂防治　用磷化铝熏蒸菇房可有效地杀灭线虫。每立方米用100～150克必速灭微粒剂熏蒸或喷洒杀虫双乳剂50倍液，接触到药液的线虫死亡率达100%。在出菇期，可用0.5%的石灰水或1%的漂白粉，喷洒几次，将线虫杀死。

6.蛞蝓　蛞蝓又名鼻涕虫、黏黏虫、无壳蜓蛐螺、软蛭，为一种软体动物。危害食用菌的种类有野蛞蝓、黄蛞蝓和双线嗜黏液蛞蝓，见图100。

（1）侵入途径与危害　环境卫生差，杂物多，阴暗潮湿，菇场结构简陋，通风换气处无阻隔物等都能为蛞蝓藏匿和出入提供方便。

图100　蛞蝓

蛞蝓取食姬松茸子实体，不仅能咬成凹坑，还能将菇体部分吃掉，被害幼菇不能正常发育成者死去，成熟菇则残缺不全，失去商品价值，造成严重减产。蛞蝓取食运动时，所过之处还留下道道白色发亮的黏液和排泄的粪便，污染环境，传播病害，见图101。

图101　蛞蝓危害症状

（2）形态特征　蛞蝓身体裸露，柔软无外壳，伸缩力强，不同种类形体大小不一、体伸长时长30～120毫米。蛞蝓灰白色至灰褐色，成熟蛞蝓暗赤色、黄褐色或深橙色。体前部较宽，后部狭长。头部有前后触角各1对，能伸缩，后触角顶端生眼，黑色。卵生，1年繁殖1代。

蛞蝓一般昼伏夜出,藏匿于阴暗潮湿处,产卵于培养料内、覆土层缝隙处。

（3）防治方法

1）保持环境卫生　要加强菇场内外的环境卫生,保持清洁干燥,尽量减少适宜蛞蝓潜伏和滋生的场所,并经常在地面撒干石灰粉。

2）人工捕捉　蛞蝓昼伏夜出,在晚间9点以后,用电筒照射人工捕捉。捉到的蛞蝓放在石灰或沸水容器内,将其杀死。

3）毒饵诱杀　用砷酸钙、麸皮和水,按1:50:50比例配成毒饵,或用蜗牛敌粉剂300克,砷酸钙300克,砂糖500克,豆饼粉4 000克,加水调成干糊状后,放在蛞蝓活动必经之处,蛞蝓食后即中毒死亡。

4）药剂防治　用5% ~ 10%硫酸铜溶液或波尔多液800倍液喷洒,可驱杀并阻止蛞蝓的侵入活动。

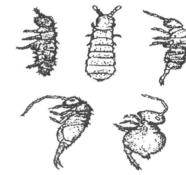

7.跳虫　跳虫又名烟灰虫、弹尾虫等。属于节肢动物门、弹尾目的昆虫。密集时形似烟灰,故又称烟灰虫,见图102。

图102　各种跳虫成虫

（1）侵入途径与危害　跳虫可随培养料、覆土材料、管理用水进入菇场。跳虫常从草丛、枯树皮、垃圾、厩肥中发生,性喜阴暗潮湿。因而跳虫是环境过于潮湿、卫生状况差的指示害虫。

跳虫可取食菌丝,啃食子实体,危害严重时能使幼菇停止生长或发育畸形,菇表面出现凹陷斑痕,菌柄上出现细小孔洞,菌褶被啃食成锯齿状。跳虫行如跳蚤、善倒跃,在取食活动时,还能成为其他病虫的传播者,见图103。

图103　跳虫危害症状

（2）形态特征　跳虫柔软无翅,幼虫通常为白色,成虫为蓝紫色、蓝黑色或银灰色,体长不超过 3 毫米。头部有触角,短而粗,4 节,咀嚼式口器,眼不发达,体近圆筒形至纺锤形,胸部 3 节,胸足 3 对,腹部 6 节。跳虫有一灵活的尾部,弹跳自如,体周有油质,不怕水。

（3）防治方法

1）卫生防治　要特别注意菇场内外的环境卫生,菇棚地面不能积水,防止土壤湿度过大。

2）诱杀　采用敌敌畏 1 000 倍液,在其中加入少量蜜糖,或 0.1% 浓度的鱼藤精,或除虫菊酯 200 倍液拌入麸皮、饼粉,以蜂蜜做饵料,进行诱杀。

3）药剂防治　在出菇之前可喷洒 0.1% 鱼藤精或除虫菊酯 1 500 ～ 2 000 倍液杀虫。出菇之后跳虫危害严重时,应采去菇体,通风降温,使菌床干燥,然后用鱼藤精、除虫菊酯驱杀,再进行补水出菇。也可采用磷化铝密封熏杀,防治更为彻底。

（三）姬松茸栽培中病虫害的综合防治

前已述及姬松茸的菌丝体和子实体是病虫的极好"方便食品",姬松茸生长的基质和生长发育环境,同样适于病虫的藏匿和繁殖。姬松茸栽培多是开放式的菇床栽培且生长周期较长,极易集聚和感染病虫害。姬松茸是人们食用的绿色食品,一般不使用农药防治。因此,在病虫害防治中,只有采用"预防为主,综合防治"的方针,才能有效控制病虫害的发生和保护自然生态环境。

在姬松茸栽培中,病虫害的发生原因多种多样,但其中与栽培者"重栽培,轻病虫"的观念有关,菇农必须提高对病虫害综合防治的认识。现将姬松茸栽培过程的病虫害综合防治措施介绍如下:

1. 卫生防治,净化环境

（1）合理设置栽培场所　菌种厂、栽培场应选择环境干净、通风良好,远离仓库、饲养场、污水坑、垃圾堆等地方,以减少病虫来源。

（2）菇场结构要合理　菇场结构除要满足姬松茸生长发育需要外,还要便于消毒和清洗净化。在菇房门、窗通气处应有防虫进入的纱门、纱窗。

（3）要经常保持环境净化　菌种厂和菇房不单在接种、进料前熏蒸消毒,而且在栽培管理中要及时清除废料,特别是带病虫的培养料、土粒、菌丝和死菇要清除干净,并进行消毒处理,经常保持环境净化。

2. 选用优良菌种　优良菌种一是种性要好,具有高产、优质、抗逆性（含抗病虫）强的特性;二是纯度要高,无病虫感染;三是菌龄适宜。老化的菌种,不但生活力差,而且污染的机会多。要做到上述要求,就必须搞好环

境净化,精心选择种源,抓好培养基配置,把好培养基灭菌关,严格无菌操作,控制棉塞受潮,加强菌种的培养管理,定期对菌种进行检查,保证菌种纯度高,长势壮,适龄播种。

3.做好培养料的选用、堆制发酵 姬松茸的培养料主要是麦草、稻草、粪肥,其本身含病虫基数大,因此,要抓好培养料的选择,选用新鲜、干燥、无霉变的稻草、麦草。干燥的粪肥,并要进行科学的处理和优质配置,以减少害虫和病原菌。

一次发酵或二次发酵的目的主要是杀灭残存于培养料中的有害生物和积累有效的营养物质。因此,堆制发酵是消灭病虫害的关键环节,必须按规程抓好培养料的堆制发酵。

4.做好覆土的消毒 姬松茸栽培必须进行覆土,而因覆土引发的病虫害也日趋严重,为减少病虫害发生,应着重抓好以下环节:

(1)覆土要取生土 地表熟土内所含病虫数量大,挖掉熟土,选用适宜的粗细生土作为覆土材料。

(2)覆土经阳光暴晒 利用太阳热能和紫外线杀死土粒中的病菌、虫卵,然后用石灰水调湿,上床覆土。

(3)蒸汽熏蒸 将土粒堆成堆,用薄膜封盖,通入蒸汽,当土温达到60～65℃,维持3～4小时,可以杀死土粒中的病菌孢子和虫卵。

(4)药剂熏蒸 1米^{3}土粒用5%福尔马林溶液10千克喷洒,然后用塑料薄膜密封1～2天,摊开让福尔马林挥发,调好pH和水分后,再上床覆土。

5.科学管理菇房,抑制病虫发生 在菇病管理中要调节好温、水、光、气等生态因子,创造姬松茸生长的适宜条件,使姬松茸生长健壮,提高抗逆性,并尽量避开有助于病虫害发生蔓延的因素。

(1)菌丝培养适当降温 大多病菌喜欢高温高湿的环境。姬松茸播种后温度控制在22～26℃为宜,空气相对湿度保持在70%左右,菌丝粗壮有力,而病菌明显减少。

(2)出菇期科学用水 不清洁的水是传播病虫害的媒介,出菇期喷水必须用清洁水,不可使用污水、死水和被农药等化学品严重污染的水。喷水要促控结合。覆土后轻喷、勤喷,保持土壤呈湿润状态,待出菇时才重喷出菇水,菇多时多喷,菇少时少喷,该多则多,该少则少。菇床喷水要结合通风进行。

(3)加强通风换气 姬松茸出菇期间要消耗大量的氧气,并排出大量的二氧化碳,若通风不良,会造成高温高湿和空气流通不畅的环境,促进病虫害发生,并造成菌丝衰老,菇体枯萎。

附录　姬松茸食用指南

　　本节是给生产者学习参考的,介绍美食方法似乎离题太远。但从整个产业链的视角,用逆向思维的方法考虑,这其中大有深意:好吃,吃好会多消费,进而必定促进多生产。因此,多多了解姬松茸食用方法,并用各种方式告知消费者,对从根本上促进姬松茸生产有着重要意义。

1.姬松茸炖汤系列

（1）姬松茸炖蹄筋

1）原料　泡发蹄筋200克，新鲜姬松茸150克，枸杞20克，姜片、食盐、米酒适量。

2）制法

A.泡发蹄筋切小块，枸杞泡入水中至略膨胀即可取出备用。

B.取一汤锅，加入适量的水煮至滚沸后，将泡发的蹄筋块放入开水中汆烫约1分后取出，冲冷水至凉再放入电锅中。

C.姬松茸用清水略为冲洗后，与枸杞、姜片、水加入电锅中。

D.电锅盖上锅盖、按下电锅开关，待电锅开关跳起，焖约20分后，再加入食盐及米酒调味即可。

（2）鲜姬松茸炖鸡

1）原料　姬松茸150克，土鸡1只（约1 000克），蛤蜊150克，山药150克，当归、红枣和枸杞少许，鸡粉、食盐适量。

2）制法

A.将当归、红枣和枸杞洗净；蛤蜊洗净后泡入水中吐沙；山药去皮并洗净后切块；姬松茸洗净后，将较大朵的对切备用。

B.土鸡洗干净后，放入滚水中汆烫，再起锅备用。

C.取一个炖盅，放入土鸡、蛤蜊、红枣、枸杞、当归、山药、姬松茸、鸡粉、食盐和水，再盖上保鲜膜后，移入蒸锅中以大火蒸煮至汤滚，再转小火继续蒸煮1小时即可完成。

（3）姬松茸冬瓜鸽肾汤

1）原料　姬松茸150克，冬瓜500克，鸽肾150克，眉豆100克，食盐适量。

2）制法

A.将鸽肾洗净切片，焯水待用。

B.冬瓜洗净去皮，切块待用。

C.姬松茸和眉豆洗净待用。

D.将所有材料放入汤锅中，大火煮开后转小火，煮2小时，放适量的食盐调味即可饮用。

（4）姬松茸竹荪炖鸡汤

1）原料　猪瘦肉 250 克,鸡肉 400 克,姬松茸 50 克,竹荪 10 克,陈皮、食盐适量。

2）制法

A.姬松茸洗干净后泡发,第 1 次泡 10 分左右把水倒掉,继续用 300 毫升水泡发 1 小时,这次的水不用倒掉,等下连水去炖。陈皮洗净泡一下。

B.竹荪泡发后洗干净挤干水待用。

C.猪瘦肉和鸡肉洗干净用沸水焯一下。

D.把以上的材料放进炖盅里加水 1 000 毫升炖 2 小时,加食盐调味即可。

（5）姬松茸煲鲜淮山药

1）原料　干姬松茸 20 克,鲜淮山药 500 克,排骨 250 克,食盐适量。

2）制法

A.将姬松茸洗净后用 1 升清水泡发,然后剪成小块。

B.排骨洗净后焯水备用。

C.将姬松茸、排骨及浸姬松茸的水一起放入电砂煲中。

D.鲜淮山药洗净后切片,然后放进淡盐水中浸泡。

E.排骨和姬松茸煲 1.5 小时后,加入鲜淮山药,继续煲 1 小时后加入适量食盐调味即可。

（6）姬松茸煲排骨

1）原料　排骨 400 克,干姬松茸 50 克,食盐适量。

2）制法

A.将排骨切断、切块,胡萝卜切块。

B.将所有材料入锅,大火烧开,文火煮 2~3 小时即可调味上桌。

（7）姬松茸火腿炖鸡汤

1）原料　土鸡 400 克,金华火腿 100 克,干姬松茸 20 克。

2）制法

A.将姬松茸洗净,用清水泡发。

B.将土鸡择洗干净,和火腿焯水后备用。

C. 重新放入锅中,一次性加入适量的清水,顺便将浸泡姬松茸时的水也倒入,大火煮滚,整锅倒入电炖锅中,盖锅盖,通电,选择快炖 3 小时,撇去汤面一层油,即可盛碗享用。

(8)姬松茸鸽子汤

1)原料　鸽子 400 克,干姬松茸 30 克等。

2)制法

A. 将姬松茸用清水泡发。

B. 鸽子择洗干净,焯烫一下。

C. 全部食材放入电炖锅内胆中。

D. 盖锅盖,通电,选择快炖 2 小时,等电高压锅气排完后,打开盖子即可食用。

(9)姬松茸炖羊肉

1)原料　干姬松茸 150 克,鲜羊肉 500 克,姜、料酒、食盐、味精适量。

2)制法

A. 干姬松茸洗净,放进装羊肉块的锅内,加姜、料酒少许。

B. 清炖至肉烂、加食盐、味精起锅。

2. 姬松茸热菜系列

(1)姬松茸蒸鸡

1)原料　白条鸡 500 克,干姬松茸 100 克,食盐、生粉、料酒、生抽、姜适量。

2)制法

A. 鸡洗净后斩块,然后用适量食盐、生粉、料酒、生抽腌制 2 小时。

B. 姬松茸用清水浸软洗净后剪成小块。

C. 将鸡块、姬松茸、姜丝放入碟中搅拌均匀。

D. 隔水蒸 30 分即可。

(2)姬松茸烧素圆

1)原料　姬松茸 150 克,素圆 100 克,西芹、蒜片、料酒、食盐少许。

2)制法

A. 姬松茸择洗干净改刀;西芹切抹刀片,素圆入热油中炸至金黄捞出,沥油待用。

B. 净锅置火上,入色拉油烧热,蒜片炒香,烹入料酒,加入原料和调料拌炒均匀即可。

(3)姬松茸扒牛排

1)原料　姬松茸 100 克,牛排 300 克,青豆 15 克,鸡蛋 1 个,绍酒、食盐、橙汁、蚝油、高汤适量。

2)制法

A. 牛排切成块,用松肉锤两面捶松,用绍酒、食盐略腌,挂蛋液,粘面包糠入热油中

炸熟置于盘中。

B. 姬松茸洗净改刀,锅烧热加入蚝油、橙汁、高汤、食盐、姬松茸烧沸,勾芡,淋在牛排上即可。

(4)香煎姬松茸

1)原料　干姬松茸200克,面粉70克,黄油10克,鸡蛋黄1个,食盐5克,料酒10毫升,生菜、紫甘蓝各2片,蛋黄酱30毫升,柠檬汁15毫升,芝士粉和辣椒末少许。

2)制法

A. 将姬松茸用温水浸泡30分,充分泡发后洗净。切掉根部,并将姬松茸切成两半,用食盐和料酒腌制5分。

B. 生菜和紫甘蓝洗净切丝放入大碗中,放入蛋黄酱,挤入柠檬汁搅拌均匀。

C. 面粉中加入蛋黄和水调成糊,黄油隔热水融化,稍冷却后倒入面糊中搅拌至面糊呈微流动状即可,把姬松茸片沾上面糊。

D. 平底锅中放入黄油,用小火将黄油融化后,调成中火,将姬松茸一片片夹入锅中煎至双面金黄。

E. 将拌好的蔬菜铺在盘底,把煎好的姬松茸码在上面,撒上辣椒末和芝士粉即可食用。

(5)姬松茸炒双鱿

1)原料　姬松茸200克,鱿鱼150克,花枝2条,葱2支,食盐、味精、胡椒粉少许。

2)做法

A. 将姬松茸去根洗净。

B. 将鱿鱼及花枝切斜片,下热水汆烫。

C. 葱切段、爆香,放入姬松茸及鱿鱼、花枝炒拌,加入调味料炒拌均匀即可。

(6)湿焖姬松茸

1)原料　干姬松茸200克,肥猪肉100克,酱油适量。

2)制法

A. 将姬松茸洗净,用清水浸泡30分,沥干水,备用。

B. 肥猪肉切片,爆炒出猪油。

C. 接着加入姬松茸,并加入1 000毫升清水,盖锅,中火,焖15分左右。

D. 再加入少许酱油调色,用筷子将姬松茸翻转,大火收汁约30秒,然后熄火即可食用。

(7)姬松茸烧土鸡

1)原料　土鸡500克,干姬松茸50克,姜、蒜、米酒、生抽、食盐、糖适量。

2)制法

A. 姬松茸用温水泡发半小时,洗净备用。鸡洗净斩块,姜切片,蒜切片。

B. 锅中烧水,加入1匙米酒,放入鸡块焯水片刻,取出沥干水分。

C. 锅中上油加热,放入蒜片、姜片等炒出香味,倒入土鸡翻炒。

D. 倒入姬松茸,再加入适量的米酒、生抽、食盐、糖。

E. 大火煮片刻转小火,待汤汁收干后出锅食用。

(8)姬松茸烧牛脯

1)原料　鲜姬松茸300克,切块熟牛脯250克,土豆块100克,姜、清汤、料酒、酱油、食盐、味精、辣椒油适量。

2)制法

A. 鲜姬松茸切块,土豆过油。

B. 锅置中火,下油将姜煸炒出香味,放入牛脯块、土豆和姬松茸。

C. 加清汤、料酒、酱油、食盐烧至入味加味精、淋辣椒油起锅。

(9)烩姬松茸

1)原料　鲜姬松茸300克,熟猪肚片100克,熟鸭肉块100克,去壳鹌鹑蛋10粒,茭白100克,葱、蚝油、食盐、糖、料酒、味精适量。

2)制法

A. 姬松茸、茭白分别切块。

B. 旺火炸葱段,下茭白、猪肚片、鸭肉块翻炒。

C. 加蚝油、食盐、糖、姬松茸和料酒煮入味,加味精起锅。

(10)姬松茸爆鸡丁

1)原料　鲜姬松茸500克,鸡丁150克,2个鸡蛋清,姜、料酒、食盐、胡椒粉、味精适量。

2)制法

A. 姬松茸切片,鸡丁用蛋清抓匀过油。

B. 锅置旺火将姜炸香,放入姬松茸,边炒边加料酒、食盐、胡椒粉至入味,下鸡丁炒熟加味精装盘。

(11)甜酸辣姬松茸

1)原料　鲜姬松茸500克、猪肉丁50克,姜、葱、辣椒、酱油、糖、醋、味精适量。

2)制法

A. 姬松茸切片用盐沸水汆过。

B. 中火锅下油炸姜、葱和辣椒。

C. 下猪肉丁、姬松茸、酱油、糖,旺火炒入味。

C. 加醋、味精起锅。

3. 姬松茸炒饭系列

(1)姬松茸炒饭

1)原料　米饭200克,干姬松茸15克,培根30克,豌豆15克,蒜、豌豆、食盐、酱油、香油适量。

2)制法

A. 饭先煮好待冷却,姬松茸泡软洗净切成丁。

B.热油锅放蒜蓉爆香,下切小的培根炒香。

C.再加豌豆和新鲜的蒜瓣(五六个切片)翻炒到豌豆熟。

D.下食盐调味加饭,搅散,适量加点酱油拌匀,最后放一点香油拌匀即可食用。

(2)奶酪姬松茸炒饭

1)原料　干姬松茸100克,培根2片,洋葱30克,西葫芦200克,黄油10克,米饭500克,奶酪30克,番茄酱2汤匙,食盐适量。

2)制法

A.将姬松茸用温水浸泡至回软,大约30分,切碎备用。培根切小片,西葫芦洗净切丁,洋葱切碎。

B.用中火将黄油融化后,改成大火,放入培根片、洋葱和姬松茸炒香,再放入西葫芦炒2分后,加入番茄酱、食盐炒匀。

C.倒入米饭,炒散。与酱料炒匀后,加入奶酪,改成中火炒匀即可。

4.姬松茸沙拉系列

(1)姬松茸鲜果沙拉

1)原料奇异果200克,小番茄300克,综合水果罐头100克,姬松茸180克,猴头菇100克,沙拉酱、食盐、面粉、食用油、胡椒粉、生菜适量。

2)制法

A.将奇异果、小番茄切成约1厘米的小丁,综合水果料用开水冲洗,除去罐头内的糖分后,再把全部的食材轻轻地拌在一起。

B.姬松茸和猴头菇分别放入滚水中汆烫约30秒,置入冷水冷却后,将每朵姬松茸切成四等份的薄片,撒上少许食盐,猴头菇则切约1厘米的小丁后,撒上少许食盐和胡椒粉,裹上用面粉和水调成的面糊后,入中温油炸至金黄色后捞起。

C.将生菜剪成圆形,依序置入完成的材料:先放猴头菇,再放水果料和姬松茸,最后挤上沙拉酱即可。

(2)龙虾沙拉佐姬松茸酱

1)原料　活龙虾80克,节瓜200克,彩椒20克,姬松茸50克,洋葱末10克,食盐、香料适量。

2)制法

A.先取1/2的节瓜洗净、切丝,另1/2切片;彩椒洗净、切片;姬松茸洗净、切细末备用。

B.取蒸锅,将活龙虾放入碗中,再放入蒸锅中以中火蒸10~15分后,取出再切片备用。

C.热锅倒入橄榄油烧热后放入姬松茸末、洋葱末、食盐及香料,以中火略微拌炒制成酱汁备用。

D.取盘,将龙虾片、节瓜片、节瓜丝及彩椒片排在盘中,再淋上酱汁即可食用。

参 考 文 献

[1] 姚占芳,马向东,李小六,等.姬松茸高产栽培问答.郑州:中原农民出版社,2003.

[2] 黄年来,林志彬,陈国良,等.中国食药用菌学.上海:上海科学技术文献出版社,2010.

[3] 刘建华,张志军.食用菌保鲜与加工实用新技术.北京:中国农业出版社,2008.

[4] 康源春,王志军.金针菇斤料斤菇种植能手谈经.郑州:中原农民出版社,2013.

[5] 胡晓艳.珍稀食用菌姬松茸品种比较试验.北京农业,2010,9(下旬):21-23.

[6] 李碧琼,陈政明,林俊扬.福建省8个姬松茸菌株生产性能鉴定.福建农业学报,2010,25(4):458-461.

姬松茸 种植能手谈经